核电厂维修人员专业技能培训教材

低压电气设备检修

中核核电运行管理有限公司　组织编写

中国原子能出版社

图书在版编目（CIP）数据

核电厂维修人员专业技能培训教材．低压电气设备检修 / 中核核电运行管理有限公司组织编写．一北京：中国原子能出版社，2020.11（2024.7 重印）
ISBN 978-7-5221-0946-6

Ⅰ．①核⋯ Ⅱ．①中⋯ Ⅲ．①核电厂－低压电器－电气设备－设备检修－技术培训－教材 Ⅳ．①TM623.7

中国版本图书馆 CIP 数据核字（2020）第 192101 号

核电厂维修人员专业技能培训教材　低压电气设备检修

出版发行　中国原子能出版社（北京市海淀区阜成路 43 号　100048）
责任编辑　张　琳
装帧设计　赵　杰
责任校对　冯莲凤
责任印制　赵　明
印　　刷　中煤（北京）印务有限公司
经　　销　全国新华书店
开　　本　787 mm×1092 mm　1/16
印　　张　5.125
字　　数　128 千字
版　　次　2020 年 11 月第 1 版　2024 年 7 月第 2 次印刷
书　　号　ISBN 978-7-5221-0946-6　　**定　价　36.00 元**

网址：http://www.aep.com.cn　　**E-mail：atomep123@126.com**
发行电话：010-88828678

核电厂维修人员专业技能培训教材

低压电气设备检修

编审委员会

出版前言

为保障入职一年以上的核反应堆维修员工获得应对正常工况和紧急情况所需的工作技能和技术水平，中核核电运行管理有限公司维修领域各处室和综合培训处在完成维修专业技能培训科目编制和教学实施工作的基础上，继续推动了《维修专业技能培训教材》低压电气合订本的出版工作。

《维修专业技能培训教材》低压电气合订本中所有科目于 2015 年编制完成。2016 年开始面向维修领域入职一年以上的员工进行教学实施，并纳入中核核电运行管理有限公司各维修处室的岗位培训清单。《维修专业技能培训教材》低压电气合订本的所属科目对维修领域的员工技能培训工作中起到了“提高维修技能水平、保障机组安全生产”的作用。为了更好发挥维修专业技能培训教材的作用，配合核电厂维修领域工作的顺利有序开展，便于培训部门有效地组织培训，正确引导学员通过培训、学习，提高自身素质和能力，中核核电运行管理有限公司综合培训处组织印刷出版《维修专业技能培训教材》低压电气合订本。

《维修专业技能培训教材》低压电气合订本内容紧扣维修领域入职一年后的员工所迫切需要掌握的维修相关技能；通过对核电厂共性专业设备中低压电气设备的知识学习和基本操作技能演练，正确辨识相关参数，通过对核电厂共性设备基本操作演练，正确认识岗位上低压电气设备的基本操作方法，进而提升核电厂维修人员对现场设备进行规范操作的能力。

《维修专业技能培训教材》低压电气合订本包含 3 个部分。其中第一部分 阀门电动装置专业技能培训由肖建华负责编写，第二部分 PLC 介绍和应用(西门子 S7-300)专业技能培训由唐湘涛负责编写，第三部分 低压配电盘检修专业技能培训由李平负责编写。内容涵盖核电厂共性专业设备中低压电气设备的理论知识和基本操作技能。

《维修专业技能培训教材》低压电气合订本的编制出版，凝聚着编、审、校、排、印及组织管理人员的大量辛勤劳动和心血，同时得到了相关部门的大力支持和热情帮助，在此表示深深地谢意！

《维修专业技能培训教材》低压电气合订本中如有不妥之处，恳请批评指正。

中核核电运行管理有限公司

目　　录

第一部分　阀门电动装置

第二部分 PLC 介绍和应用（西门子 S7-300）

第三部分　低压配电盘检修

第一部分　阀门电动装置

第一章　操作准备

1.1　设备原理

1.1.1　概述

阀门执行机构的动力类型可分为气动、液动、电动和电液动等几类，按运动形式可分为直行程、角行程、回旋型等几类。由于用电作动力有其他几类介质不可比拟的优势，因此电动型快速发展，广泛应用。目前，市面上常见的电动执行机构有（罗托克）ROTORK、西博斯（SIPOS-SIEMENS Positioner）、瑞基（RAGA）、ABB、上仪（ROTORK）、利米托克（LIMITORQUE）等。

电动执行机构由电机提供驱动力，通过变速齿轮达到降低转速，增加驱动力矩的目的。通过一套电气/仪控控制系统，可实现远程控制阀门在几乎任何位置的开度。执行机构上的手自动切换装置能够在检修时或者发生紧急事件的情况下实现手动操作阀门开关（见图 1-1）。

图 1-1　执行机构

1.1.2 电动头的一、二次控制

二厂核岛电动头的一次动力电源除去4个来自正常段的LKA/B/C/E以外,其他均来自380 V交流应急段LL*,从电源配置可以看出电动头的正常启闭对于核岛工艺系统运行的重要性。

核岛电动头的配电抽屉均为ABB制造,规格全部为8E/2,其二次控制为典型的电机正反转控制回路,主接触器控制电压为直流110 V,运方控制为直流48 V。

秦山二期扩建机组电动阀门的二次控制为直流110 V和48 V(见图1-2和图1-3)。

扩建机组机械式电动阀门,在电动头中有一个执行电机、齿轮箱和1对相应的开关限位及两对辅助触点、力矩、阀位指示器等部件。与其配套的是一个接触器正反转配电抽屉。

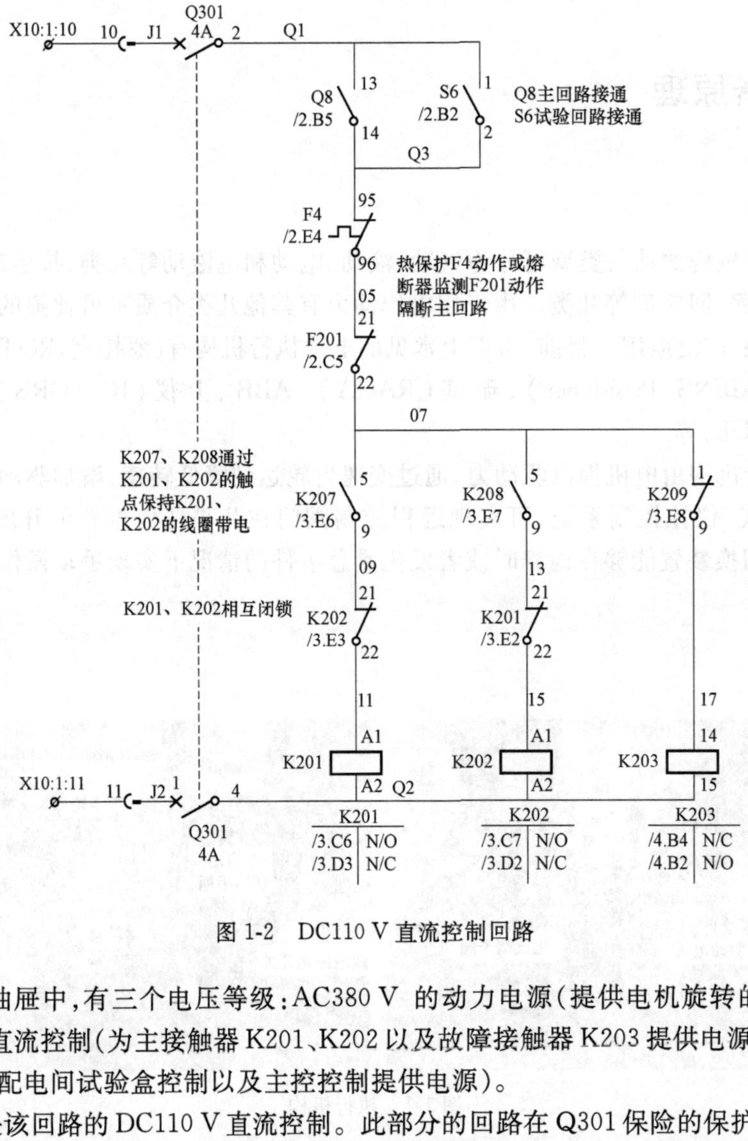

图1-2 DC110 V直流控制回路

在配电抽屉中,有三个电压等级:AC380 V 的动力电源(提供电机旋转的动力电源);DC110 V的直流控制(为主接触器K201、K202以及故障接触器K203提供电源);DC48 V的直流控制(为配电间试验盒控制以及主控控制提供电源)。

图1-2是该回路的DC110 V直流控制。此部分的回路在Q301保险的保护下工作,主要有2个接触器(正反转)。当Q301合上,主回路Q8或者试验回路S6合上,并且未发生热保

护动作和熔断器监测动作时，K201 正转接触器受到 K207 正转继电器的控制，K202 反转接触器受到 K208 反转继电器的控制；并且 K201 和 K202 在回路中实现互锁，保证正转接触器 K201 和反转接触器 K202 不同时动作，防止相间的短路。

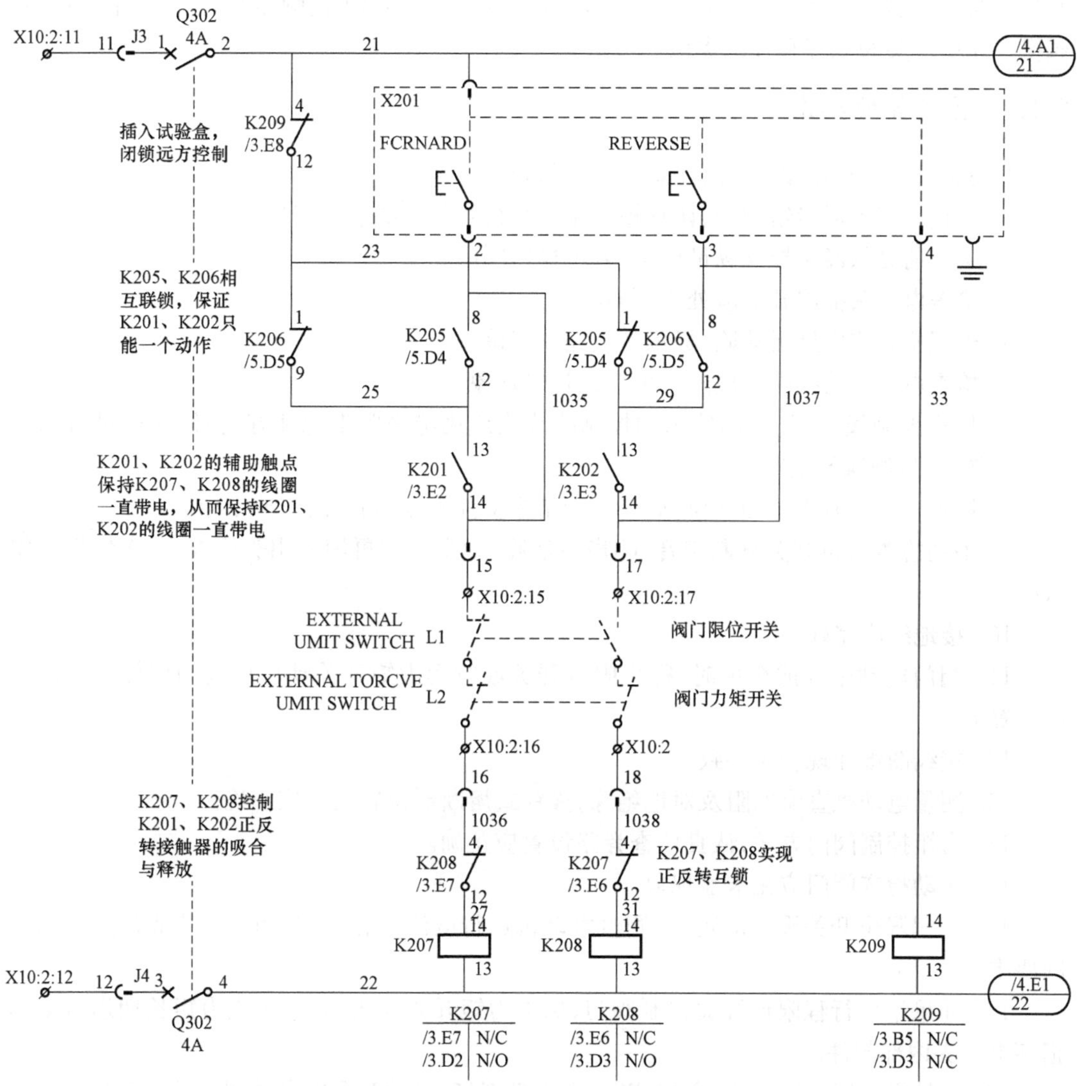

图 1-3　DC48 V 的直流控制回路

图 1-3 是该回路的 DC48 V 直流控制。该回路在 Q302 的保护下工作。此回路能够实现试验盒(X201)操作和远方控制(K205、K206)操作。

7 m 配电抽屉操作，插入试验盒：试验盒的 1、4 端导通，使得继电器 K209 得电动作，K209 的两对常开触点在闭锁远方控制的信号(4、12)的同时，使得 DC110 V 中的故障继电器 K203 失电，触发 K204 的公共报警，使得故障信号灯黄灯亮。此时，若阀门关到位，限位开关 L1 接通，按动试验盒正转按钮，K207 继电器得电，使得 K201 接触器吸合，从而保持开阀状态。当阀门开到位时，限位开关 L1 到位断开，K207 继电器失电，从而 K201 接触器释放，切断主回路。关阀原理和开阀类似。

当主控远方控制操作时,K209 的常闭触点闭合,接收到开阀命令,K205 继电器动作,其常开触点闭合,K207 继电器得电,使得 K201 接触器吸合,从而保持开阀状态。同样,当阀门开到位时,限位开关 L1 到位断开,K207 继电器失电,从而 K201 接触器释放,切断主回路,开阀操作完毕。关阀原理和开阀类似。

1.1.3 设备维修要求

1. 应熟悉现场周围的环境,注意个人辐射防护措施。
2. 防止人因失误走错间隔,认真核对设备系统号及电源抽屉编号。
3. 工作前必须经主控操纵员许可,方可操作阀门。
4. 检查电动头抽屉开关应处于隔离状态。
5. 外观检查应完好无缺陷,标示牌应完整正确。
6. 检查电动头接线端子应连接可靠无过热现象。
7. 检查控制线应正确,不使用的控制线线头应用绝缘胶带包扎好,控制线应进行绑扎防止挤伤,发生绝缘低报警。
8. 检查电动头有无漏油现象,如果是少量渗稀油不是油脂,用布擦干净。
9. 手动检查限位开关分断声音,响声应清脆,如果不响再用万用表检查,一次性把工作做好。
10. 接地线应完好。
11. 阀门电动全开或全关时,行程限位开关或行程力矩开关动作后阀门应停止在规定的位置上。
12. 接线图纸和现场应一致。
13. 测量电动机直流电阻及对地绝缘,撞针式熔断器位置设置应正确。
14. 力矩控制阀门方式,认真检查旁路设置应正确。
15. 手动检查阀门应无卡涩现象。
16. 行程限位开关设置应正确,测量电动机运行电流,阀门全开和全关应满足规定的时间要求。
17. 如果采用行程限位开关控制阀门,保护力矩开关禁止动作,防止力矩长期运行动作损坏电动头内部部件。
18. 主控操作回路应正确,主控 TPL 十字模拟灯,电动头配电盘抽屉指示应正确一致。
19. 检查完后恢复设备初始状态。

1.2 文件准备

电动执行机构检修工作可依据工单评估内容按步骤执行,具体的细化步骤可使用《阀门电动装置维修规程》进行操作,其他文件准备可包含:质量计划 QP、风险分析、领料单、工器具借领单、工前会、工后会、控制原理图、MM 维修手册等。

1.3 工器具准备

见表 1-1。

表 1-1 工器具准备

工器具名称	规格型号	数量	用途
绝缘表	FLUKE1508	1 个	测量驱动电机绝缘
万用表	FLUKE 179	1 个	测量触点接触电阻
数字电桥	QJ84	1 台	测量驱动电机直阻
拖线盘	220 V,10 A	1 个	提供数字电桥电源
个人常用工具(含扳手)	N/A	1 套	紧固接线
公制内六角扳手	2～10 mm	1 套	打开电动头电桩
毛刷	75 mm	1 把	清扫电动头
白布	N/A	1 m^2	清洁电动头

1.4 模拟体准备

一厂培训中心电动执行机构模拟体。模拟体要求外观完好、结构完整、各部件不缺失，电动头不需要通电试验。

1.5 辐射防护准备

没有辐射防护要求。

1.6 工业安全准备

按照电力安全工作规程相关规定执行，所有人员需规范穿戴劳动保护用品，包括安全帽、绝缘鞋、工作服等。检修场地使用警示带进行围栏，确保工作过程中无非工作人员进入。

1.7 配合人员准备

由于模拟体设备局限性，需两名助教配合教学过程。助教主要负责其他组成员操作指导及安全监护工作。助教需有一定电气检修工作经验。

1.8 场地准备

培训模拟体附近铺设橡胶垫用于摆放拆除的部件及工器具；清理场地，确保检修场地无其他异物；合理分配场地，确保工具、设备的合理分布，方便检修；在场地外围布置警示带并放置隔离牌。

第二章　操作实施

2.1　工作前准备

见表 2-1。

表 2-1　工作前准备

序号	操作步骤	操作要求	工器具	测评标准	备注
1	召开工前会	1. 工作组全体参加 2. 工作负责人说明：工作内容、工作组成员分工、工作时安全注意事项 3. 工作组成员对工作内容及分工无异议后，签字		按照工期会表格内容要求执行	
2	现场情况确认	工作现场满足检修工作需要	目视	无妨碍检修现场的情况	
3	检修用工具检查	检查检修工具完好性	自检	完好 防人因工具使用	
4	测量仪表检查	检查测量仪表的是否适用、是否在有效期内、是否完好	自检	完好 防人因工具使用	
5	现场布置	检修现场设置隔离围栏，并检查设备外观	目视	完好	
6	安全风险、辐射风险、异物控制提示：确认设备已经停电	检查维护时做好防尘防潮措施			

说明：

1. 召开工前会，对工作内容与要求、工作组成员分工进行说明，对存在的风险与注意事项进行提醒；
2. 场地布置需根据 6S 建设要求进行布置，工器具摆放整齐有序；
3. 工器具清点，确认本次工作需要的工器具是否齐全，避免因反复借用工器具，耽误时间，降低效率；
4. 检查仪表有效期，确认在标定有效期之内；
5. 设备边上地面进行保护，铺设橡胶垫。

2.2　操作实施 1　设备与安措确认

见表 2-2。

表 2-2 设备与安措确认

序号	操作步骤	操作要求	工器具	测评标准	备注
1	确认设备	核对工作票与现场设备编码一致,一人核对,一人确认	目视确认	工作票与现场设备编码一致; 防人因工具使用	
2	动力电源安措确认	根据安措票内容,确认 MCC 低压配电盘间隔处设备动力电源开关安措已经建立	目视确认 万用表	根据按错票内容确认 防人因工具使用	
3	48 VDC 控制回路电源检查	使用万用表测量控制回路电源,确认是否断开	万用表	测量后根据实际情况给出结果; 防人因工具使用	48 VDC 控制回路电源是根据实际需要建立的,所以不一定做了安措
4	就地确认安措是否有效	使用万用表在模拟体处测量动力电源	万用表	测量动力电源,确认安措有效	MCC 安措确认后,就地也需要验电

2.3 操作实施 2 检查与清洁

见表 2-3。

表 2-3 检查与清洁

序号	操作步骤	操作要求	工器具	测评标准	备注
1	外观检查	全面检查执行机构外观,确认外观完好,无破损,锈蚀	目视检查	检查全面	
2	外表清洁	使用白布对执行机构外表进行清洁,必要时可使用清洁剂	白布, 清洁剂	外表清洁	
3	端子检查	使用内六角扳手打开电装端盖,逐个检查接线端子,确认是否存在变色、松脱等现象	目视检查	逐个对端子进行检查,并能判断端子是否正常 防人因工具使用	
4	元器件检查	对电桩内各元器件进行检查,确认元器件是否损坏	目视检查	对元器件进行检查,判断元器件是否完好	

2.4 操作实施 3 接线紧固

见表 2-4。

表 2-4　接线紧固

序号	操作步骤	操作要求	工器具	测评标准	备注
1	正确使用电工工具	区分十字、一字螺丝刀，使用合适大小的螺丝刀，正确选择使用	电工工具(公/英制内六角扳手、扳手)、白布、检修垫	选择使用正确	
2	紧固控制回路端子	依次紧固所有控制回路端子	一字或十字螺丝刀	依次紧固所有接线端子，用力适中，不打滑防人因工具使用	
3	紧固动力电源回路端子	紧固三相动力电源端子	一字或十字螺丝刀	紧固三相动力电源端子，用力适中不打滑	

2.4.1　操作实施 3 中序 1：正确使用电工工具

紧固端子需用到一字和十字螺丝刀，根据螺丝大小选择大小合适的螺丝刀。由于可能存在 48 VDC 控制电压，因此紧固过程中，应小心谨慎，避免发生短路情况。

2.4.2　操作实施 3 中序 2：紧固

依次对端子进行紧固，微动开关紧固螺丝一般比较小，注意不可用力过猛，防止螺丝滑扣或损坏微动开关。

2.5　操作实施 4　使用数字电桥测量执行机构驱动电机直流电阻

见表 2-5。

表 2-5　使用数字电桥测量执行机构驱动电机直流电阻

序号	操作步骤	操作要求	工器具	测评标准	备注
1	电桥连线与接电源	两根测试线红线连接 C1、C2 触头，两根黑线连接 P1、P2 触头；电源线插入电桥本体电源插口 两端各 4 线的直流电桥：电压 V 端来线夹在待测试两端里侧；电流 R 端来线夹在待测试两端外侧	数字电桥(可不用)插排绝缘胶带(拆接线包扎)	按下 POWER 键，显示屏显示 0000	
2	用万用表估测阻值	使用万用表电阻挡	万用表	测量并读取电阻值防人因工具使用	
3	连接测试夹	测试夹夹持牢固、正确，夹持在 AB 相、AC 相、BC 相(需要时，可在接触器下端拆线测量)	电桥测试夹	夹持在三相电缆任意两相上，但须记录	

续表

序号	操作步骤	操作要求	工器具	测评标准	备注
4	依次测量直阻	1. 依次测量三相相间直阻(测完一次之后需按下停止再测量) 2. 记录数据	电桥	分别测量 AB、AC、BC 相,不重复测量 防人因工具使用	
5	判断	(最大电阻-最小电阻)/最小电阻×100%<5%	电桥	会计算会判断	

2.5.1 操作实施 4 中序 1:电桥连线与接电源

电桥背面有四个接线柱分别是 C1、P1、P2、C2,两根测试线的红黑线分别连接 C1、P1,P2、C2,然后将电源插头插入 220 V 交流插座中,按下 POWER 按钮,确认电桥显示为 0。如电桥显示不为 0,则应利用电桥正面微调开关进行调整。

2.5.2 操作实施 4 中序 2:用万用表估测阻值

使用万用表的电阻档,测量相间直流电阻,估测出大概的电阻值,以便用电桥正确档位测出精确数值。

2.5.3 操作实施 4 中序 3:连接测试夹

将电桥测试夹牢固夹持在其中两相电缆接线柱上或其他可靠地方,但必须三次夹持位置一致。必须确认夹持牢固,否则会造成测量数值不准确。

2.5.4 操作实施 4 中序 4:依次测量直阻

依次测量三相相间直阻,并正确记录数据。数据记录形式可以是 AB、AC、BC,或者黄绿、黄红、红绿。测量时记住测量顺序,避免重复测量。

2.6 操作实施 5 测量执行机构驱动电机绝缘电阻

见表 2-6。

表 2-6 测量执行机构驱动电机绝缘电阻

序号	操作步骤	操作要求	操作工器具	测评标准	备注
1	选择正确档位	1. 使用绝缘电阻测量插孔 2. 电压等级选择 500 V	绝缘表	选择 500 V 测量 380 V 三相电机	
2	校零	将表笔短接,绝缘表显示为零,放开显示为 550 MΩ	绝缘表	正确数值应为 0	

续表

序号	操作步骤	操作要求	操作工器具	测评标准	备注
3	测量绝缘电阻	将一支表笔接触外壳,另一支表笔接触三相其中一相,然后按下测试键(表笔上自带或者绝缘表本体上)	绝缘表	接地一端不能放在带有绝缘的地方,如油漆、塑料纸等 防人因工具使用	
4	记录数据	测量完成后关闭绝缘表电源,记录数据。数据记录形式＞? MΩ	绝缘表	正确记录,格式为＞? MΩ,也可以文字描述:大于?兆欧	
5	判断	绝缘电阻＞0.5 MΩ则为合格	绝缘表	正确读取数值,并能够根据标准判断	

2.6.1　操作实施 5 中序 1:选择正确挡位

测试线应插在绝缘电阻测量的插口中,转换开关旋转至 500 V 挡。

2.6.2　操作实施 5 中序 2:校零

将两根表笔短接,按下测试键后绝缘表应显示为 0,放开两表笔应显示为 550 MΩ(500 V 挡最大显示 550 MΩ,250 V 挡最大显示 220 MΩ,1 000 V 挡最大显示 11 GΩ)。

2.6.3　操作实施 5 中序 3:测量绝缘电阻

将一支表笔接触外壳,另一支表笔接触三相其中一相,然后按下测试键(表笔上自带或者绝缘表本体上)。如果很快绝缘值上升到 550 MΩ,则可停止;如果绝缘值上升比较慢,则测量 1 分钟的绝缘值;如果绝缘值稳定在某一数值,则直接读取。

2.7　操作实施 6　使用万用表测量触点电阻

见表 2-7。

表 2-7　使用万用表测量触点电阻

序号	操作步骤	操作要求	操作工器具	测评标准	备注
1	选择正确挡位	1. 红色表笔应插在电阻测量口,黑色表笔应插在 COM 2. 转换开关转至电阻Ω测量挡	万用表	选择欧姆挡,并将红表笔插入欧姆孔,黑表笔插入 COM 孔	
2	校准	短接表笔,笔头接触电阻应小于 0.5 Ω	万用表	一般内阻都小于 0.1 Ω,但由于表笔线原因可能会大点,但不能超过 0.5 Ω	

续表

序号	操作步骤	操作要求	操作工器具	测评标准	备注
3	测量接触电阻	测量常开常闭触点，常闭触点应≤1 Ω，常开触点为无穷大；数值应减去笔头接触电阻	万用表	数值减去接触电阻之后，判断是否合格；防人因工具使用	

2.7.1 操作实施 6 中序 1：选择正确挡位

1. 红色表笔应插在电阻测量口，黑色表笔应插在 COM 口(顺序颠倒问虽然测量数值不变，但不符合要求)；

2. 转换开关选择电阻挡Ω，用完后转到 OFF 位置。

2.7.2 操作实施 6 中序 2：校准

短接表笔，笔头接触电阻应小于 0.5 Ω。

2.7.3 操作实施 6 中序 3：测量接触电阻

测量常开常闭触点，常闭触点应≤1 Ω，常开触点为无穷大；数值应减去笔头接触电阻。

2.8 操作实施 7 现场清理及工后总结

1. 所有工作完成后，工作负责人对检修工作完成情况进行确认；
2. 视时间富余情况，可以借用稳压电源投用操作试验；
3. 清理工作现场，做到工完料尽；
4. 借用的工器具清点，并归还仓库；
5. 召开工后会议，对工作完成情况进行总结。

第三章　故障判断和排除

3.1　故障 1　端子或电缆过热变色

见表 3-1。

表 3-1　端子或电缆过热变色

序号	故障现象	判断方法	故障原因分析	故障排除方法
1	动力电缆接线端子过热变色	检查动力电缆接头	1）如果是电缆松动引起的，则必须测量接触电阻，如接触电阻在规定范围内，则对端子进行紧固，如接触电阻较大或者变色严重，则必须更换电缆或电缆鼻子 2）如因电动阀频繁启停造成的必须查明原因，排除故障，并确认是否需要更换电缆	1）根据过热程度，确认是否需要更换电缆或电缆鼻子 2）电动阀频繁启停会造成的电缆过热变色，一般也是电缆紧固不够引起的，需要在确认是否需要更换电缆之后紧固电缆
2	控制电缆过热变色	检查控制电缆接头	接触不良； 短路	控制回路电流一般比较小，引起变色的可能是接触不良或短路； 紧固或排除短路故障； 根据端子过热程度考虑是否更换电缆或电缆鼻子

3.2　故障 2　绝缘电阻异常

见表 3-2。

表 3-2　绝缘电阻异常

序号	故障现象	判断方法	故障原因分析	故障排除方法
1	对地绝缘电阻为 0	绝缘表测量对地绝缘	1）如在 MCC 低压配电盘侧测量绝缘为 0，则可能是电缆有破损接地或驱动电机绝缘损坏 2）如在就地解开电缆测量驱动电机绝缘为 0，则电机绝缘损坏	1）检查动力电缆破损接地处，根据严重程度考虑是否更换电缆 2）更换电机

续表

序号	故障现象	判断方法	故障原因分析	故障排除方法
2	绝缘电阻值偏低	绝缘表测量对地绝缘	绝缘电阻跟电机出厂值，使用环境等有关	对比历史数据，如无变化，则属于正常；如下降较多，则绝缘性能有问题，需检查具体原因

3.3 故障 3 直流电阻异常

见表 3-3。

表 3-3 直流电阻异常

序号	故障现象	判断方法	故障原因分析	故障排除方法
1	直流电阻不平衡	测量三相直阻，计算偏差＞5%	1) 如本体测量直流电阻合格，而在 MCC 低压配电盘侧测量不合格，则是动力电缆直阻不平衡引起的 2) 如本次测量直流电阻不合格，则电机线圈电阻异常	1) 如电缆引起，则需相关技术人员评估后确认是否更换电缆 2) 如电机线圈故障，则需返厂更换电机（因执行机构电机有力矩值要求，无法自行更换）

3.4 故障 4 电动阀开、关异常

见表 3-4。

表 3-4 电动阀开、关异常

序号	故障现象	判断方法	故障原因分析	故障排除方法
1	无法打开或者无法开到位	通电试验	1) 力矩设定值不正确，导致阀门未开启力矩开关先动作 2) 行程开关跑位造成电动阀开启正常，但无法开启到指定位置	1) 力矩设定需要专门的力矩校验台进行校准，无法自行调整 2) 行程不到位问题都可以调整行程开关解决
2	无法关严或者关闭力矩过大	管道压差	1) 力矩设定值偏小，造成阀门关闭力矩不够，导致管道渗漏 2) 力矩设定值过大，造成阀门关闭力矩过大，损坏阀门 3) 阀门关闭时，行程开关应略先动作于力矩开关	1) 力矩设定值问题需要返厂进行力矩校准，无法自行调整 2) 关行程开关问题可通过调整解决

第四章　操作结束

4.1　工后总结

4.1.1　整理工器具

清点工器具、仪表，做到工完料尽，防止工具遗留在现场或者设备内。

4.1.2　清理场地

对工作区域进行清洁，清除工作过程中产生的垃圾。

4.1.3　数据整理

将测量产生的数据进行整理，将数据填入维修规程中，以便于编制工作报告。

4.1.4　记录测量仪器仪表型号、编号、有效期

记录绝缘表、万用表、数字电桥的型号、编号、有效期，以便编制工作报告。

见表 4-1。

表 4-1　记录表

	仪表型号	仪表编号	有效期
万用表			
绝缘表			
数字电桥			

4.1.5　工后会

工后会是对整个工作的过程的回顾以及必要的经验反馈。

回顾工作过程：工作票已归还，场地已清理，设备标牌完好，对检修任务进行评价，是否达到预期的目的，试验设备与工器具已经归还。

工作后的经验反馈是对以后同类型的电动执行机构工作的经验积累，以提高工作的检修技能，能够更好的完成检修工作，其主要有以下内容：

- 工期是否安排合理；
- 工作人员是否配备充足；

- ➢ 工作文件的合理性；
- ➢ 工作人员的检修技能是否满足要求；
- ➢ 规程、图纸是否需要升版；
- ➢ 检查过程中的异常；
- ➢ 工作的经验反馈；
- ➢ 协调事项。

4.2 培训总结

电动执行机构检查工作，是电气专业在大修期间的一项重要检修项目，由专门的常规岛电动阀专项组负责，主要工作为全面清洁、接线紧固、元器件检查、直阻绝缘测量及送电试验等。要求学员认真听取各环节操作要点，多动手，多体验，掌握电动执行机构操作基本技能，及常用检修工器具的基本操作，并对常见缺陷有一定的认识，对今后的工作有一定的指导。

4.3 评判

学员对电动执行机构检修工作进行简述，并说明其中的关键点以及注意事项。教员对学员的陈述简要记录，根据阐述评判学员的掌握情况。其中隔离验证，抽屉检查细节需要详细阐述。教员指出学员阐述过程中的错误以及需要注意的事项，并且依据评判表，对学员的学习情况作出整体评判。

第五章　经验反馈

1. 垫片未清除，导致电动阀动作异常（状态报告）

见表 5-1。

表 5-1　状态报告

CR 主题	电动阀操作关阀到位后出现来回开关动作(设备 QC 组)
CR 编号	CR20102376

CR 内容:在带 EPS 应急电源系统电源试验中,运行人员进行 ECC 低压配电盘处重水隔离阀电动操作时,出现在阀门达到全关位置后电动阀频繁开关。维修人员接到紧急报修后,通过细致查线、试验、比对,终于在校线检查到该阀门电动头上的接线箱时,发现接线箱内的 12 号和 21 号接线柱之间被一个小垫片卡住,同时在接线箱内还发现留有两个垫片和一个螺母(现场电动头的接线柱所压的接线都带有接线鼻子,该鼻子略宽恰好将事件垫片卡住而致短接)。由于 12 号和 21 号接线柱之间被垫片直接短接,从而旁通了开阀回路的控制开关致其直接关阀后自动又开阀这样的频繁开关。分析根本原因是该电动头在本次大修中拆装过程中被倒置,从而将以前丢落留存在电动头接线箱电缆管内的螺母、垫片等小部件又被倒回到接线箱内所致。

另外,在故障处理过程中,还发现该电动头的手动切换手柄失效,导致无法手动操作该电动阀。

潜在后果:电动阀不能正常工作,导致试验被迫中断长达 8 h。如果此故障在机组运行中出现,那将导致机组停机停堆甚至于机组的核安全受到极大挑战。

另外,本故障导致试验超时运行的成本增加,还有故障当天晚上的缺陷处理投入的大量人力和管理成本(维修、设备和运行三个处室相关人员)就更难计算。

采取行动:将卡在电动头接线箱内两个接线柱上的 1 个短接垫片、2 个滞留在内的垫片和 1 个滞留在内的螺母取出,重新确认接线箱内部接线正常,确认该电动头其他部件无异常后重新试验,电动阀工作恢复正常。

进一步行动:发工作包对 105 大修拆装过的其他ROTORK电动阀进行重新检查接线箱,以消除存在的类似问题。

2. 阀位指示器未紧固，导致阀位指示错误（缺陷工单）

见表 5-2。

表 5-2　缺陷工单 1

工单号	263629
工作任务	2-43210-MV4108 电动头上的阀位指示故障处理
故障分析	电动阀在运行过程中,因振动导致阀门阀位指示器固定螺母松动,造成阀位指示错误
后果及潜在后果	对工作人员造成误导,阀门实际已到达要求位置
处理方法	对阀位指示器进行紧固

3. 辅助触点跑位，导致阀门在42%开度位置来回摆动（缺陷工单）

见表5-3。

表5-3 缺陷工单2

工单号	246372
工作任务	7131-MV4103在42%位置来回摆动故障处理
故障分析	辅助触点位置在设备运行期间因震动跑位，导致触点在42%开度位置时出现接触不良，导致开关阀信号在42%开度位置反复出现，造成阀门在42%开度位置来回摆动
后果及潜在后果	1. 阀门因短时间内反复动作，会造成损坏 2. MCC间隔内热继电器因阀门频繁启动，造成热保护动作 3. 接触器因频繁动作烧毁触头或线圈
处理方法	重新调整触点位置

第六章 习 题

6.1 选择题(每题2分)

1. 以下各部分属于电动执行机构基本组成的是哪些?(D)

A. 驱动机构　　B. 传动机构

C. 手/自动切换手柄　　D. 以上全是

2. Limitorque 电动执行机构基本检修项目包括哪些?(A)

A. 直流电阻和绝缘电阻　　B. 力矩设定值

C. 辅助开关更换　　D. 力矩开关更换

3. Limitorque 电动执行机构直流电阻测量应满足的什么标准?(D)

A. (电阻最大值-电阻最小值)/电阻最小值×100%<2%

B. (电阻最大值-电阻最小值)/电阻最小值×100%<3%

C. (电阻最大值-电阻最小值)/电阻最小值×100%<4%

D. (电阻最大值-电阻最小值)/电阻最小值×100%<5%

6.2 判断题(每题2分)

1. 万用表是用于测量绝缘电阻的仪表。 (×)

2. Limitorque 电动执行机构检修过程中以检修为主,清扫项目可以省略。 (×)

3. TSC 是 Limitorque 执行机构关力矩开关缩写。 (√)

6.3 简答题(每题10分)

请陈述 Limitorque 电动执行机构有哪些基本检修项目?(答出四个即可)

1. 外观清洁与检查;
2. 检查阀门开度指示;
3. 检查阀门力矩设定值;
4. 直流电阻与绝缘电阻测量;
5. 电桩内触点电阻测量;
6. 设置行程开关(ZSO、ZSC、ZSINT.1、ZSINT.2)。

6.4 实操题(100分)

试题:测量电动头驱动电机直流电阻。

1. 准备要求:

考场准备:

(1) 试题名称:测量电动头驱动电机直流电阻

(2) 本题分值:100

(3) 考核时间:45 min

(4) 考核形式:实操

(5) 设备设施准备:

序号	名称	规格	单位	数量	备注
1	模拟体		台	1	教学用模拟体一台
2	电工工具、公、英制内六角扳手		套	1	教员准备
3	万用表	FLUKE179	块	1	
4	数字电桥(可不用)	QJ84	台	1	
5	拖线盘	220 V	个	1	

考生准备:

(1) 试题名称:测量电动头驱动电机直流电阻

(2) 本题分值:100

(3) 考核时间:45 min

(4) 考核形式:实操

(5) 工具及其他准备:无

2. 考核要求:

(1) 本题分值:100

(2) 考核时间:45 min

(3) 考核形式:实操

(4) 具体考核要求:使用正确的测量仪表测量电动头电机直流电阻,测量前需检查仪表有效期,测量步骤、方法正确。

(5) 否定项说明:无

3. 配分与评分标准:

序号	考核内容	考核要求	评分标准	配分	扣分	得分
1	工作准备	劳保用品穿戴齐全	穿戴不齐不得分	5		

续表

<table>
<tr><th>序号</th><th>考核内容</th><th>考核要求</th><th>评分标准</th><th>配分</th><th>扣分</th><th>得分</th></tr>
<tr><td>1</td><td>工作准备</td><td>工具齐全,符合考题要求</td><td>漏一件扣 1 分;
选错一件扣 2 分,扣完为止(4 分)</td><td>5</td><td></td><td></td></tr>
<tr><td>2</td><td>万用表作用</td><td>说明万用表的作用</td><td>不能说明用途,不得分(10 分)</td><td>10</td><td></td><td></td></tr>
<tr><td>3</td><td>电桥作用</td><td>说明电桥的作用</td><td>不能说明用途,不得分(10 分)</td><td>10</td><td></td><td></td></tr>
<tr><td rowspan="4">4</td><td rowspan="4">操作
步骤及方法</td><td>测量直流电阻,应选用数字电桥</td><td>不会选用,扣 20 分</td><td>20</td><td></td><td></td></tr>
<tr><td>测量前用万用表测出大概数值</td><td>不会估测,扣 5 分</td><td>5</td><td></td><td></td></tr>
<tr><td>根据估测数值,选用合适的档位</td><td>不会选择,扣 10 分</td><td>10</td><td></td><td></td></tr>
<tr><td>分别测量三相直流电阻,是指 AB、AC、BC 相之间的数值</td><td>1.测量夹夹持不牢固,扣 15 分
2. 测完一次之后没有按下停止测量,而是直接进行下一次测量,扣 5 分</td><td>20</td><td></td><td></td></tr>
<tr><td>5</td><td>计算</td><td>计算三相直阻偏差</td><td>不会计算,扣 10 分</td><td>10</td><td></td><td></td></tr>
<tr><td>6</td><td>操作结束</td><td>操作完后整理工器具,收拾现场</td><td>遗漏 1 件扣 1 分,扣完为止(5 分)</td><td>5</td><td></td><td></td></tr>
<tr><td rowspan="3">备注</td><td colspan="2" rowspan="2"></td><td>合计</td><td>100</td><td></td><td></td></tr>
<tr><td>考评员签字</td><td colspan="3"></td></tr>
<tr><td colspan="2"></td><td>时间</td><td colspan="3">年　月　日</td></tr>
</table>

评分人:　　年　　月　　日　　　　　　　　　　核分人:　　年　　月　　日

第二部分　PLC 介绍和应用（西门子 S7-300）

第一章　操作准备

1.1　原理描述

1.1.1　PLC 原理

可编程控制器是一种工业控制计算机，所以它的工作原理是建立在计算机工作原理基础上的，也就是说可编程控制器通过执行反映控制要求的用户程序来实现控制。程序的执行是依照程序号顺序执行，相应各电器的动作也是串联进行，但是由于程序执行速度极快，因此各电器的动作似乎是同时完成的。

在计算机程序中有一种查询工作方式，这种方式首先查看某一条件是否满足，由此决定下一步的操作。但在可编程序控制中要查看的已不是一个条件，而是多个条件，因此用查询工作方式已不能满足要求。为此可编程控制器在程序执行时，采用了不断循环执行的工作方式。概括的说，可编程控制器采用了“不断循环顺序扫描”的工作方式：CPU 从第一条指令开始，顺序逐条地执行用户程序，直到用户程序结束为止，然后返回第一条指令开始新的一轮扫描。

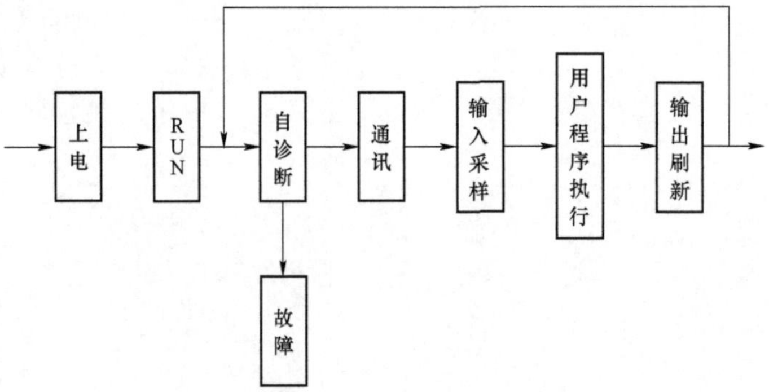

图 1-1　PLC 的运行过程示意

可编程控制器的整个运行过程由上电开始,对整个系统进行一些初始化工作,如硬件初始化、I/O 模块配置检查、停电保护设定以及其他初始化处理等。然后可编程控制开始逐条扫描执行用户程序,其后进行内部诊断以及出错处理。完成上述步骤后可编程控制器会周而复始地执行用户程序扫描、内部诊断及出错处理。

最初研制生产的可编程控制器是用来代替传统的由继电器接触器构成的控制装置,可编程控制器通常也被人们简称为 PLC。从运行方式来说,PLC 和传统继电器接触器构成的控制装置之间是存在差异的:(1) 继电器控制装置采用硬逻辑并行运行的方式,即如果这个继电器的线圈通电或断电,该继电器所有的触点(包括其常开或常闭触点)在继电器控制线路的哪个位置上都会立即同时动作。(2) PLC 的 CPU 则采用顺序逻辑扫描用户程序的运行方式,即如果一个输出线圈或逻辑线圈被接通或断开,该线圈的所有触点(包括其常开或常闭触点)不会立即动作,必须等扫描到该触点时才会动作。

为了消除二者之间由于运行方式不同而造成的差异,考虑到继电器控制装置各类触点的动作时间一般在 100 ms 以上,而 PLC 扫描用户程序的时间一般均小于 100 ms,因此,PLC 采用了一种不同于一般微型计算机的运行方式——扫描技术。这样在对于 I/O 响应要求不高的场合,PLC 与继电器控制装置的处理结果上就没有什么区别了。

1.1.2 PLC 的扫描过程

PLC 内部是顺序扫描执行的,因此 PLC 的扫描时间体现了 PLC 的实时性。PLC 的扫描周期为 I/O 扫描和程序扫描、自诊断的时间之和。I/O 扫描时间是指处理器把其输出映像表的数据写到输出模块和把输入数据从输入模块读入到处理器映像数据表的时间。当处理器完成了系统中所有 I/O 刷新之后,就开始逻辑扫描。逻辑扫描时间是执行用户程序的时间,程序指令对某些条件进行检查并将该条件与输入映像数据表中的位相比较。如果映像表中的位与被检查的条件相符,则逻辑为真,处理器就刷新输出映像数据表中相对应的位(注意:不是直接改变输出模块的输出)。这个过程将连续不断的进行,直至执行到逻辑扫描的结束语句为止。PLC 的扫描过程如图 1-2 所示。

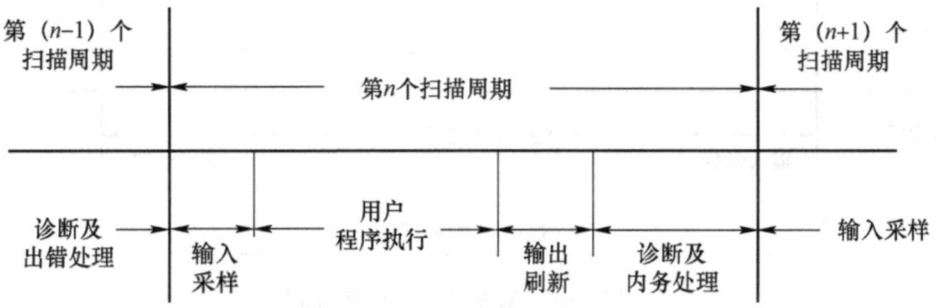

图 1-2 PLC 扫描阶段示意

面对用户而言,PLC 在进行现场控制时,主要分为三个步骤完成用户要求的控制逻辑,即输入采样、用户程序执行和输出刷新。PLC 在正常运行状态下,每一个扫描周期都包含了 I/O 扫描和用户程序(逻辑)扫描,而这两个过程在机器运行过程中所用的时间往往是可变的。特别对程序中有条件调用和子程序调用等情况,程序中一次扫描所需执行的指令数目就难于确认,因此通常会用执行 1 000 条指令的时间(ms/千字)来衡量处理器的运行速度。

在输入采样阶段,PLC 以扫描方式依次地读入所有输入状态和数据,并将它们存入 I/O

映象区中的相应的单元内。输入采样结束后,转入用户程序执行和输出刷新阶段。在这两个阶段中,即使输入状态和数据发生变化,I/O 映象区中的相应单元的状态和数据也不会改变。因此,如果输入是脉冲信号,则该脉冲信号的宽度必须大于一个扫描周期,才能保证在任何情况下,该输入均能被读入。

在用户程序执行阶段,PLC 总是按由上而下的顺序依次地扫描用户程序(梯形图)。在扫描每一条梯形图时,又总是先扫描梯形图左边的由各触点构成的控制线路,并按先左后右、先上后下的顺序对由触点构成的控制线路进行逻辑运算,然后根据逻辑运算的结果,刷新该逻辑线圈在系统 RAM 存储区中对应位的状态;或者刷新该输出线圈在 I/O 映象区中对应位的状态;或者确定是否要执行该梯形图所规定的特殊功能指令。

在用户程序执行过程中,只有输入点在 I/O 映象区内的状态和数据不会发生变化,而其他输出点和软设备在 I/O 映象区或系统 RAM 存储区内的状态和数据都有可能发生变化,而且排在上面的梯形图,其程序执行结果会对排在下面的凡是用到这些线圈或数据的梯形图起作用;相反,排在下面的梯形图,其被刷新的逻辑线圈的状态或数据只能到下一个扫描周期才能对排在其上面的程序起作用。

当扫描用户程序结束后,PLC 就进入输出刷新阶段。在此期间,CPU 按照 I/O 映象区内对应的状态和数据刷新所有的输出锁存电路,再经输出电路驱动相应的外设。这时,才是 PLC 的真正输出。

1.1.3 PLC 的 I/O 响应时间

为了增强 PLC 的抗干扰能力,提高其可靠性,PLC 的每个开关量输入端都采用光电隔离等技术。为了能实现继电器控制线路的硬逻辑并行控制,PLC 采用了不同于一般微型计算机的运行方式(扫描技术)。以上两个主要原因,使得 PLC 的 I/O 响应比一般微型计算机构成的工业控制系统慢,其响应时间至少等于一个扫描周期,一般均大于一个扫描周期甚至更长。

所谓 I/O 响应时间指从 PLC 的某一输入信号变化开始到系统有关输出端信号的改变所需的时间。其最短的 I/O 响应时间与最长的 I/O 响应时间如图 1-3 和图 1-4 所示。

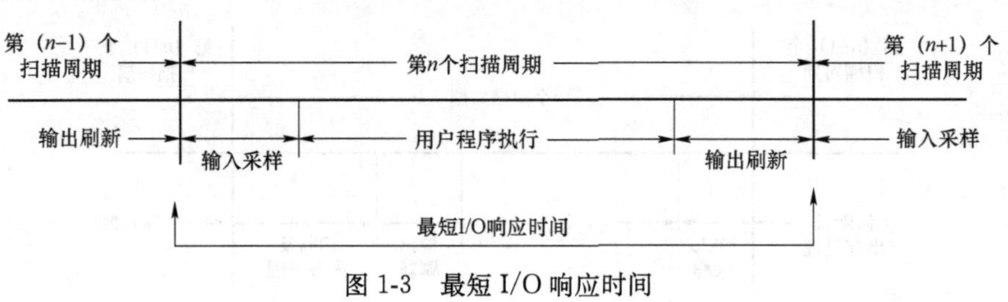

图 1-3 最短 I/O 响应时间

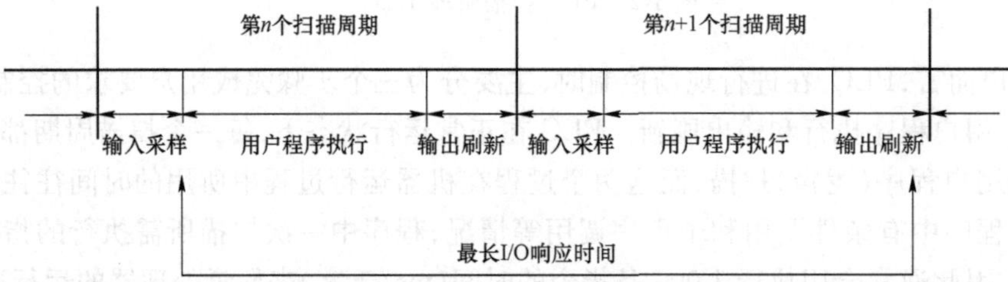

图 1-4 最长 I/O 响应时间

1.1.4 PLC的硬件结构

PLC 控制的对象是“过程”或“机械”,由传感器采集“过程”或“机械”的信息,送入 PLC 输入单元,经PLC中央处理单元处理,结果通过PLC输出单元驱动执行机构,由执行机构控制“过程”或“机械”达到预期的目的。

PLC以及其与外部设备的联系如图1-5所示。

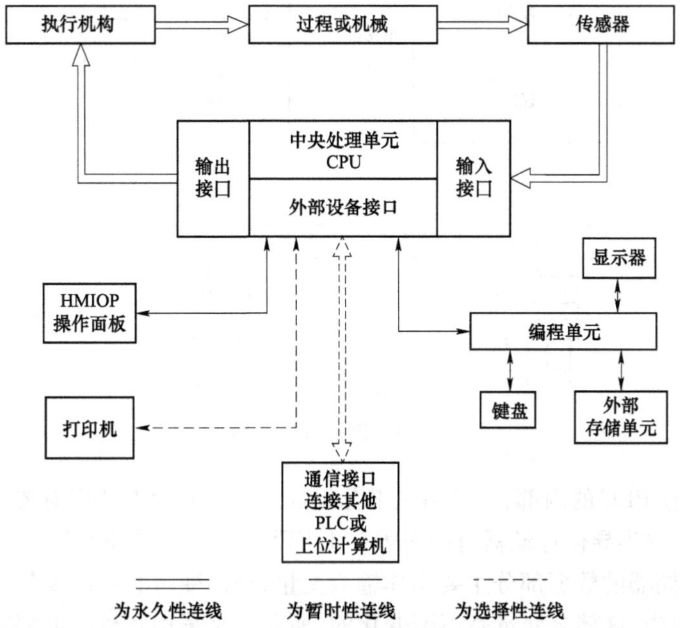

图1-5 PLC与外部设备联系示意

图1-5还表示了PLC的外部设备接口与外部设备之间的联系.主要的外部设备有编程器(编程器上配置有显示单元),HMI人-机接口,并行打印机,其他PLC或上位计算机。

从结构和工作原理上讲,PLC 是计算机的一种,它也由中央处理器,中央存储器和接口三部分组成。其构成示意图如图1-6。

图 1-6 表示了 PLC 的中央处理单元(CPU)的结构。中央处理单元的核心是中央处理器。中央处理器包含指令计数器,指令存储器和地址寄存器,变址和基址寄存器,累加器和通用寄存器。除了中央处理器外,还有中央存储器,中央存储器划分成数据,程序和监控三部分。数据部分包含有输入变量,中间变量和输出变量的映像区。监控部分存放 PLC 的监控程序,用户程序区存放若干个用户的应用程序块。

PLC 中的 CPU 是用来完成对某些不同类型的信息进行操作的单元。这些操作包括信息的转移、信息的转换(码的转换、数字的转换)、计算、同步和译码等。

中央处理器(Processor)是 CPU 中的智能机构(电脑)。它是用来控制程序指令的操作的,处理器本身由若干种寄存器组成。寄存器是由逻辑电路组成的高速半导体存储器(暂存器),它用来暂时存放数据,外部信息或中间运算结果和对它们进行操作。

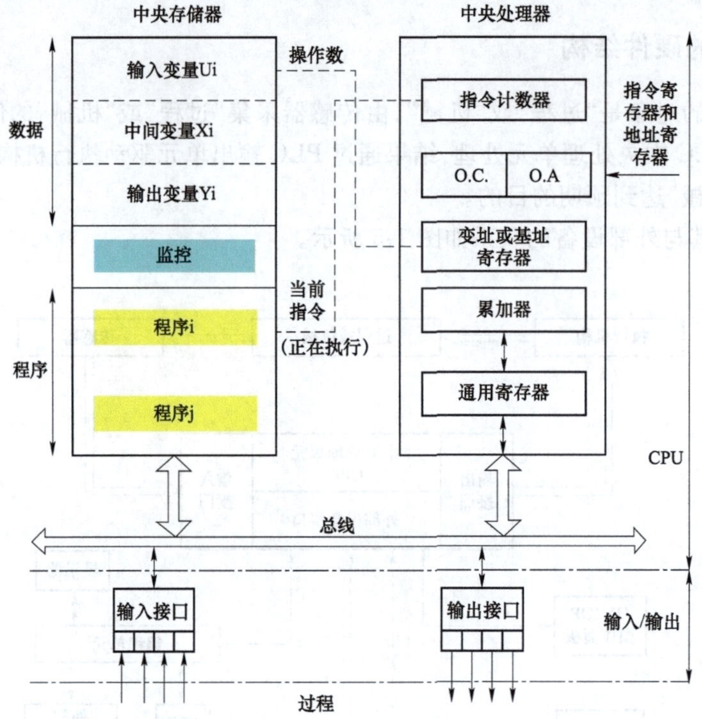

图 1-6　PLC 构成示意

中央存储器在PLC的内部,一般由三部分组成。由于对存取速度有要求,所以都采用半导体存储器,常用的半导体存储器有静态 RAM、EPROM 和 E2PROM。

(1) 中央存储器的数据部分主要用作输入变量、输出变量和中间变量的映像区,因为在 PLC 的运行过程中,这部分变量是不断变化的,所以都是采用随机存取存储器(一般为静态 RAM)构成的。

(2) 监控程序或操作系统,是 PLC 设计者为了给用户使用 PLC 提供方便,其功能是对 PLC 及其外设进行资源管理,同时使 PLC 的用户编制应用程序时,可以使用级别较高的语言(例如,语句表,梯形图或SFC控制图形语言等)。一般监控程序或操作系统都是驻留在中央存储器中的,例如,固化在中央存储器的 EPROM 上,有一些 PLC 使用较大的操作系统,则除了驻留在中央存储器上的软件外,还有一部分软件放在外设的大容量存储器中。

(3) 中央存储器中的用户应用软件是用户针对不同的控制任务,用 PLC 编程语言编制的应用程序,放置在中央存储器的用户存储器区。有些用户存储区可以放置若干个应用程序块。由于应用程序在调试过程中要不断修改,又希望在掉电或正常关机时,这部分程序不会丢失,因此,在中央存储器中常用带后备电池的 CMOS RAM 作用户存储器区。也可以用 E2PROM 存放应用程序,作为用户存储器内容的备用。如果应用程序经调试后,不再需要改变,这部分程序可以固化在 EPROM 中。

中央处理器和中央存储器通过总线与输入/输出(I/O)交换信息。PLC 以输入/输出接口从被控过程采集信息和用来控制被控过程。因此I/O在PLC中起重要作用。工业控制计算机通常使用在比较恶劣、苛刻的现场环境,这就对 I/O 提出比较高的要求。尽管 I/O 模板的电路并不十分复杂,但 PLC 用的 I/O,工艺都十分考究,对于抑制工业环境带来的干扰都采取了许多有效措施(要符合 EMC 电磁兼容性标准)。此外,为了用户接线和检查的方便,所有 I/O 模板都带有端子或方便可靠的接插座,以及标志状态的指示灯。

通常的 PLC I/O 接口分模拟量 I/O 和开关量(包括数字量)I/O 两大类,每一类又区分为输入接口和输出接口。对于大、中、小型 PLC,其 I/O 接口往往采用组件(即模板)式进行组合。典型模板有:

(1) 直流开关量输入模板:这是比较常用的输入模板,模板的规格是每一块模板带 16 点或 32 点输入。输入器件的形式可以是接近开关、按钮、选择开关、继电器触点等。输入电源由 PLC 内部或外部提供,典型值为 24 VDC。

(2) 直流开关量输出模板:直流输出接口模板也是最经常使用的,它由大功率晶体管作为输出驱动级,与 PLC 之间有光电隔离,可以带的负载有电动机启动器、继电器线圈、电磁阀线圈、指示灯等。

(3) 交流开关量输入模板:交流输入模板与直流输入模板一样,板上有 8 路或 16 路输入,用户提供输入器件的形式可以是按钮,选择开关,继电器触点等。每个这样的电路,使用独立的交流电源,电源由外部提供,典型值为 120 V 或 230 VAC。

(4) 交流输出模板:交流输出模板可以直接用来驱动交流接触器线圈、电动机启动器、交流气动阀或液压阀等。

(5) 继电器输出模板:在开关量 I/O 中有一种最常用的输出模板就是继电器输出模板,其输出的形式是继电器的触点,既可用来带动直流负载(直流中间继电器线圈、直流电磁阀等)又可带动交流负载(交流接触器线圈、交流气动阀等),而且输入与输出之间是电隔离的,负载电压的类型可以广泛变化(DC24 V,AC120 V,AC230 V),应用十分广泛。

(6) 模拟量输入模板:模拟量输入模板的功能是将来自过程的模拟量信号转换成 PLC 的 CPU 能够处理的数字量信号。由于过程的模拟量类型很多,例如温度、压力、流量、电动机的电流等等。所以相适应的模拟量输入模板的类型也很多,常用的有±50 mV,±1 V,±10 V,0~5 V,±20 mA,4~20 mA,热电耦和 pt100(铂电阻输入)。

(7) 模拟量输出模板:模拟量输出模板是将来自 PLC CPU 的数字信号转换为模拟量信号,用来控制“过程”。与模拟量输入模板一样,输出模板也有多种型号,常见的有 DC±10 V,±20 mA,4~20 mA,1~5 V 等输出模板。

1.1.5 S7-300 简介

S7-300 系列 PLC 是由西门子公司设计生产,整体的外观示意图如图 1-7。

S7-300 系列 PLC 安装方式如图 1-8 所示。

SIMATIC S7-300 具有多种不同的通讯接口:

- 多种通讯处理器用来连接 AS-i 接口、PROFIBUS 和工业以太网总线系统;
- 通讯处理器用来连接点到点的通讯系统;
- 多点接口(MPI)集成在 CPU 中,用于同时连接编程器、PC 机、人机界面系统及其他 SIMATIC S7/M7/C7 等自动化控制系统。这是一个经济而有效的解决方案,方便用户的 STEP7 的用户界面提供了通讯组态功能,这使得组态非常容易、简单。

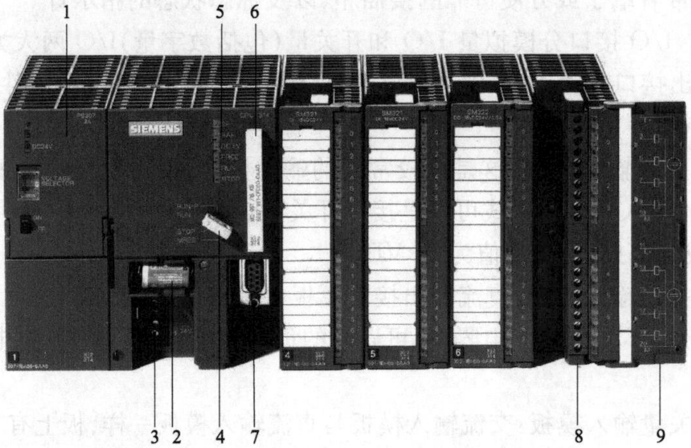

图 1-7 S7-300 结构图

1—负载电源(选项);2—后备电池(CPU313 以上);3—24 VDC 连接;4—模式开关;
5—状态和故障指示灯;6—存储器卡(CPU313 以上);
7—MPI 多点接口;8—前连接器;9—前门

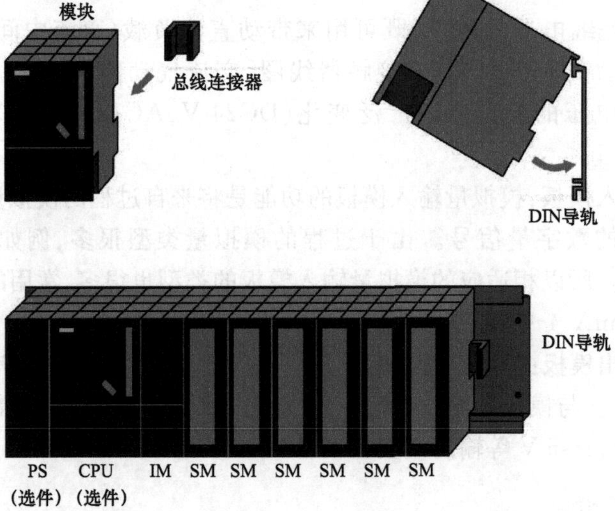

图 1-8 S7-300 安装方式

多点接口(MPI)通讯口集成在 S7-300 CPU 上,它可以用于简单联网。MPI 能同时连接几个带 STEP 7 的编程器/PC、人机界面(HMI)、S7-300、M7-300、S7-400、M7-400 和 C7。

1.2 文件准备

提供 S7-300 相关的资料,模拟体的相关文件。

1.3 工器具准备

数字式万用表、螺丝刀、绝缘胶带。

1.4 模拟体准备

S7-300 系列 PLC 模拟体一套。

1.5 辐射防护准备

不适用。

1.6 工业安全准备

进行 S7-300 实际操作时,注意用电安全。准备数字式万用表,用于现场测量。

1.7 配合人员准备

至少提供一名教员,负责 S7-300 的讲解以及操作的指导。

学员要求已经掌握电脑的基本操作技能。

1.8 场地准备

提供足够空间,提供电源,提供 S7-300 模拟体。

第二章　操作实施

2.1　S7-300 的投运

见表 2-1。

表 2-1　S7-300 的投运

序号	操作步骤	操作要求	工器具	测评标准	备注
1	确认 PLC 的卡件安装完成	目视检查构架中至少包括 PS 卡、CPU 卡、输入/输出卡	无	紧固无松动(参看图 1-8)	
2	确认PLC具备上电条件	目视检查 PLC 电源状态灯灭,PS 卡上电压选择开关处于正确位置。使用万用表确认PLC没有上电,电源接线不存在接地和断路	万用表	电源接线无接地、无短路	
3	确认 PLC 的供电电源无异常	使用正确的电压挡测量电源的供电电压	万用表	供电电压和标称一致	
4	PLC 上电	合上供电电源的开关后,再将PS卡上电压开关打到"ON"位置	无	电源状态指示灯变亮	
5	PLC 投运	将 CPU 卡上模式选择开关打到"RUN"位置	无	"RUN"指示灯变亮	

2.2　建立上位机和 S7-300 的通讯

见表 2-2。

表 2-2　建立上位机和 S7-300 的通讯

序号	操作步骤	操作要求	工器具	测评标准	备注
1	确认 S7-300 的状态正常	目视检查 CPU 卡上的状态灯无异常	无	"SF"灯灭 "RUN"灯亮	
2	启动上位机	启动电脑(上位机),运行 PLC 的梯形图编程软件和组态软件	无	上位机软件(STEP7-Micro/WIN)运行	
3	安装通讯电缆	使用 PC/PPI 电缆,一头连接在 CPU 卡的MPI多点接口(参看图 1-8),另一头连接到上位机的串口或USB 端口	专用通讯线 PC/PPI 电缆	连接紧固无松动	

续表

序号	操作步骤	操作要求	工器具	测评标准	备注
4	确认连接状态正常	在上位机运行 STEP 7 软件，通过“COMMUNICATION”功能块识别S7-300；或在组态软件的人机界面中，能够正常得到数据	无	上位机能够通过软件识别 S7-300	

2.3 正常运工况读取 PLC 的逻辑(上传或 UPLOAD)

见表 2-3。

表 2-3 正常运工况读取 PLC 的逻辑

序号	操作步骤	操作要求	工器具	测评标准	备注
1	确认上位机已在线	在上位机运行 STEP 7 软件，通过“COMMUNICATION”功能块识别 S7-300 或在组态软件的人机界面中，能够正常得到数据	无	上位机能够通过软件识别 S7-300	
2	进入 UPLOAD 模式	确认 STEP 7 已运行，通过软件的两级菜单“FILE > UPLOAD”，进入 UPLOAD 界面	无	软件跳出 UPLOAD 窗口	
3	设置 UPLOAD 参数	在 UPLOAD 界面的“OPTIONS”部分，勾选下列选项： 1) PROGRAM BLOCK 2) DATA BLOCK 3) SYSTEM BLOCK	无	UPLOAD 界面的参数选项已勾选	
4	完成 UPLOAD	在 UPLOAD 界面中用鼠标选中并点击 OK 按钮	无	在提示界面中看到进度条完成，并且软件出现最新的梯形图	
5	备份/保存软件中的组态内容	通过软件的两级菜单“FILE>SAVE AS”，将软件中最新的组态保存在要求的存储区域	无	在计算机的存储目录中能够找到保存的项目文件	

2.4 下载逻辑到 PLC 内存(DOWNLOAD)

见表 2-4。

表 2-4 下载逻辑到 PLC 内存

序号	操作步骤	操作要求	工器具	测评标准	备注
1	确认上位机已在线	在上位机运行 STEP 7 软件，通过“COMMUNICATION”功能块识别 S7-300； 或在组态软件的人机界面中，能够正常得到数据	无	上位机能够通过软件识别 S7-300	
2	进入 DOWNLOAD 模式	确认 STEP 7 已运行，通过软件的两级菜单“FILE＞DOWNLOAD”，进入 DOWNLOAD 界面	无	软件跳出 DOWNLOAD 窗口	
3	设置 DOWNLOAD 参数	在 DOWNLOAD 界面的“OPTIONS”部分，勾选下列选项： 1) PROGRAM BLOCK 2) DATA BLOCK 3) SYSTEM BLOCK	无	DOWNLOAD 界面的参数选项已勾选	
4	完成 DOWNLOAD	在 DOWNLOAD 界面中用鼠标选中并点击 OK 按钮； 注：DOWNLOAD 过程中，软件可能会提示停运 PLC，此时将 CPU 卡上的模式选择开关打到 STOP，待 DOWNLOAD 完成后，重新将 CPU 卡上的模式选择开关打到 RUN，并确认 RUN 状态指示灯亮	无	在提示界面中看到进度条完成，并且软件出现最新的梯形图	
5	确认 PLC 的运行正常	目视检查 PLC 的 PS 卡件、CPU 卡件的状态灯	无	CPU 卡上的 SF 状态灯灭，RUN 状态灯亮	

2.5 比较电脑中的备份逻辑和 PLC 内逻辑的一致性

见表 2-5。

表 2-5 比较电脑中的备份逻辑和 PLC 内逻辑的一致性

序号	操作步骤	操作要求	工器具	测评标准	备注
1	确认上位机已在线	在上位机运行 STEP 7 软件，通过“COMMUNICATION”功能块识别 S7-300；或在组态软件的人机界面中，能够正常得到数据	无	上位机能够通过软件识别 S7-300	
2	读取已经备份好的逻辑和项目	确认 STEP 7 已运行，通过软件的两级菜单“FILE＞OPEN”，选择已有的项目文件	无	在 STEP 7 软件中能够看到备份数据	

续表

序号	操作步骤	操作要求	工器具	测评标准	备注
3	比较备份逻辑和 PLC 逻辑	通过软件的两级菜单“PLC＞COMPARE”，进入比较界面	无	在 STEP 7 软件中“output”窗口中能够看到比较结果	
4	确认 PLC 的运行正常	目视检查 PLC 的 PS 卡件、CPU 卡件的状态灯	无	CPU 卡上的 SF 状态灯灭，RUN 状态灯亮	

2.6　实施中需要特别注意的几个关键点

1）在使用笔记本电脑和电脑连接前，确认笔记本电脑电源稳定，电池容量充足；

2）在修改 PLC 内部的软件设置和逻辑时，必须先进行备份；

3）更换 PLC 电池时，必须先进行备份。

第三章　故障检查和处理

3.1　常见故障现象和判断方法检查和处理

S7-300 的 CPU 模块有 6 个状态灯，通过状态灯的变化可以判断出 PLC 存在的故障，以及需要采用的处理方法（见表 3-1）。

表 3-1　常见故障现象和判断方法检查和处理

序号	故障现象	判断方法	故障原因分析	故障排除方法
1	系统错误/故障	SF 状态灯亮（红色）	➢ 硬件故障； ➢ 编程错误； ➢ 参数设置错误； ➢ 算数运算错误； ➢ 定时器错误； ➢ 存储卡故障； ➢ 电池故障或上电后无后备电池； ➢ I/O 故障或错误（仅限于外部 I/O）； ➢ 通信故障	用编程装置读出诊断缓冲器中的内容，确定错误/故障的真正原因； 根据故障原因清除故障； 断电后重新上电；（确认 PLC 内部设置和逻辑已经备份后才可以进行此项工作）
2	电池故障	BAF 状态灯亮（红色）	➢ 电池失效； ➢ 电池未安装	安装新电池
3	PLC 没有处于运行状态	1. RUN 状态灯没有常亮（绿色）； 2. STOP 状态灯亮（黄色）	➢ PLC 启动时以 1 kHz 闪烁； ➢ PLC 处于 HALT 状态时 2 s 闪烁一次； ➢ PLC 处于停运状态	确认 PLC 是否存在故障，清楚故障后，将 CPU 模块上的模式开关打到“STOP”后再重新打到“RUN”； 检查 PLC 的供电电压是否正常

3.2　常见故障原因分析和故障排除方法

见表 3-2。

表 3-2　常见故障原因分析和故障排除方法

序号	诊断信息	故障原因
1	无编码器电源	编码器电源过载编码器； 电源与 M 短路

续表

序号	诊断信息	故障原因
2	无外部辅助电压	模板L+无电压
3	无内部辅助电压	模板L+无电压内部模板; 熔断器损坏
4	无外部电压	模板L+无电压
5	组态/参数错误	传向模板的参数错误
6	测量范围下溢	输入值低压下限: 如:测量范围4~20 mA,1~5 V: ➢ 传感器极性接反; ➢ 测量范围选择错误
7	测量范围上溢	输入值超过上限
8	对地短路	输出过载输出QV与MANA短路
9	断线	➢ 执行器阻抗太高,模拟与执行器之间断线通道开路; ➢ 编码器连接阻抗太高,模板和传感器之间断线通道开路
10	看门狗故障	高电磁干扰模板损坏
11	EPROM故障	高电磁干扰模板损坏
12	RAM故障	高电磁干扰模板损坏
13	过程报警丢失	过程中断到达时间快于CPU处理时间
14	熔断器熔断	内部模板熔断器损坏
15	模板参数错误	传向模板的参数错误
16	共模故障	输入(M)与测量电路的参考电势差UCM太高

3.3　特殊故障现象和判断方法

无。

3.4　特殊故障原因分析和故障排除方法

无。

第四章 操作结束

4.1 操作后检查

1）确认 S7-300 都已停运，人机界面电脑都已关机。

2）工器具都已收集。

3）实操内容都已完成。

4.2 召开实操工后会

1）确认实操练习都已完成，人员都已参与，熟悉操作内容。

2）学员反馈：实操安排是否合理；设备和教员配置是否充足；培训文件准备是否充分；知识点讲解是否清晰。

第五章　经验反馈

备用柴油机 SDG 燃油溢流

某核电机组在执行 SDG 月度试验时，日用油箱瞬时出现高液位报警，并发现部分燃油从日用油箱排气管线溢流至 SDG 屋顶，此时燃油传输泵已停止运行。

对事件进行调查，发现在执行月度试验的规程 5.3.10 以后步骤期间，#1SDG 在 PLC 内的 SDG 状态既没有在 AUTO 状态，也没有在 MANUAL 状态，由于 PLC 中日用油箱高液位信号只在 AUTO 状态或 MANUAL 状态才有效，使得在此期间的日用油箱高液位信号无法停运燃油传输泵。

根据调查，可以推测发生燃油泄漏的可能情况如下：

1. 在执行 SDG 月度试验的规程 5.3.10 步骤前，燃油传输泵因低液位信号运行，此后运行正好进入规程 5.3.10 的后续步骤，此时 SDG 停运；由于已经没有燃油消耗，日用燃油箱由低液位升到高液位最多 2 min，由于高液位信号在这些步骤期间失效，导致燃油传输继续运行，导致燃油溢流。当运行重新将 SDG 设置在 AUTO 状态时，日用油箱高液位信号停运燃油传输泵。

2. 液位开关动作不灵活，不能及时发出高液位信号，使得燃油传输泵无法及时停运。

已经按照逻辑图修正 PLC 中日用油箱高液位停泵逻辑，使日用油箱高液位信号能够直接停运燃油传输泵。

同时更换了动作不灵活的高液位开关。此后提出试验票，通过试验确认了以下几点：

1）在执行 SDG 月度试验的规程 5.3.10 以后步骤期间，从人机界面上确认 SDG 的状态既没有在 AUTO 状态，也没有在 MANUAL 状态。

2）逻辑修正后，在执行月度试验的规程 5.3.10 以后步骤期间，日用油箱高液位信号能够自动停运燃油传输泵。

事后分析，发现 PLC 的逻辑设计上存在隐患，修正后的版本没有成功下载到 PLC 中，导致在特定工况和运行模式下，进行某一步操作时，增加了出现异常工况的概率。

第六章　习 题

6.1　选择题(每题 4 分)

1. PLC 的 I/O 卡件有哪些类型(ABCD)?

A. 数字输入　　B. 数字输出　　C. 模拟量输入　　D. 模拟量输出

2. PLC 在每个扫描周期内刷新(A)次输入映像表。

A. 1　　B. 2　　C. 3　　D. 不限

3. PLC 在每个扫描周期内输出映像表向外输出(A)次。

A. 1　　B. 2　　C. 3　　D. 不限

4. PLC 的运行方式是(B)。

A. 并行执行　　B. 按顺序执行　　C. 分时执行　　D. 多线程,多任务

5. PLC 的扫描过程包含下列哪些选项(ABCD)?

A. 刷新输入映像表　　B. 执行逻辑

C. 输出映像表实际输出　　D. 系统状态自检和处理

6.2　填空题(每题 3 分)

1. 西门子 PLC S7-300 的 RUN 状态灯常亮,表示 PLC 处于______。

答:运行状态

2. 西门子 PLC S7-300 的 SF 状态灯亮,表示 PLC 处于______。

答:故障状态

3. 西门子 PLC S7-300 的 RUN 状态灯两秒闪烁一次,表示 PLC 处于______。

答:HALT 状态

6.3　判断题(每题 3 分)

1. PLC 失电后,可以直接更换电池。　(×)

2. 当 PLC 正常运行时,出现 BATF 报警,PLC 会停运。　(×)

6.4　实操题(一)

鉴定点:在正常运行工况下读取 PLC 的逻辑

试题 1:在正常运行工况下读取 PLC 的逻辑

1. 准备要求:

考场准备:

(1) 试题名称:在正常运行工况下读取 PLC 逻辑
(2) 本题分值:20
(3) 考核时间:40 min
(4) 考核形式:实操
(5) 设备设施准备:

序号	名称	规格	单位	数量	备注
1	模拟体		台	1	教学用模拟体一台
2	专用笔记本电脑		台	1	检查电池容量足够

考生准备:
(1) 试题名称:在正常运行工况下读取 PLC 逻辑
(2) 本题分值:20
(3) 考核时间:40 min
(4) 考核形式:实操
(5) 工具及其他准备:无
2. 考核要求:
(1) 本题分值:20
(2) 考核时间:40 min
(3) 考核形式:实操
(4) 具体考核要求:将专用笔记本电脑正确连接到 S7-300 上,并能够读取 S7-300 中逻辑。
(5) 否定项说明:因读取 S7-300 内的逻辑导致系统异常。
3. 配分与评分标准:

序号	考核内容	考核要点	配分	评分标准	扣分	得分
1	电脑连接前检查	检查专用笔记本电脑的电池容量;S7-300 的状态	2	(1) 未检查专用笔记本电脑的电池容量扣 1 分。 (2) 未检查 S7-300 的状态扣 1 分		
2	电脑和 7-300 的连接	软件提示连接;连接成功后检查 S7-300 的状态	5	(1) 软件未提示连接扣 1 分。 (2) 连接成功后未检查 S7-300 的状态扣 4 分		
3	读取 S7-300 的逻辑	将 S7-300 内的逻辑读取到专用笔记本电脑上	10	没有将 S7-300 内的逻辑读取到专用笔记本电脑扣 10 分		
4	断开电脑和 S7-300 的连接	软件提示断开;确认断开连接后检查 S7-300 的状态	3	(1) 未断开连接扣 1 分。 (2) 断开连接后未检查 S7-300 的状态扣 2 分		
否定项:因读取 S7-300 内的逻辑导致系统异常						

评分人: 年 月 日 核分人: 年 月 日

6.5 实操题(二)

鉴定点:下载逻辑到 PLC 内存

试题 2:下载逻辑到 PLC 内存

1. 准备要求:

考场准备:

(1) 试题名称:下载逻辑到 PLC 内存

(2) 本题分值:20

(3) 考核时间:40 min

(4) 考核形式:实操

(5) 设备设施准备:

序号	名称	规格	单位	数量	备注
1	模拟体		台	1	教学用模拟体一台
2	专用笔记本电脑		台	1	检查电池容量足够

考生准备:

(1) 试题名称:下载逻辑到 PLC 内存

(2) 本题分值:20

(3) 考核时间:40 min

(4) 考核形式:实操

(5) 工具及其他准备:无

2. 考核要求:

(1) 本题分值:20

(2) 考核时间:40 min

(3) 考核形式:实操

(4) 具体考核要求:将专用电脑正确连接到 S7-300 上,并能够正确下载逻辑到 S7-300 中,能够正确投运 S7-300。

(5) 否定项说明:下载完成后,PLC 中逻辑和要求逻辑不一致。

3. 配分与评分标准:

序号	考核内容	考核要点	配分	评分标准	扣分	得分
1	电脑连接前检查	检查专用笔记本电脑的电池容量;S7-300 的状态	2	(1) 未检查专用笔记本电脑的电池容量扣 1 分。 (2) 未检查 S7-300 的状态扣 1 分		
2	电脑和 S7-300 的连接	软件提示连接;连接成功后检查 S7-300 的状态	5	(1) 软件未提示连接扣 1 分。 (2) 连接成功后未检查 S7-300 的状态扣 4 分		

续表

序号	考核内容	考核要点	配分	评分标准	扣分	得分
3	下载逻辑 S7-300	将逻辑下载到 S7-300	10	没有将逻辑到 S7-300 内扣 10 分		
4	断开电脑和 S7-300 的连接	软件提示断开;确认断开连接后检查 S7-300 的状态	3	(1) 未断开连接扣 1 分。 (2) 断开连接后未检查 S7-300 的状态扣 2 分		
否定项:下载完成后,PLC 中逻辑和要求逻辑不一致						

评分人:　　年　　月　　日　　　　　　　　　　　　核分人:　　年　　月　　日

6.6　实操题(三)

鉴定点:比较电脑中的备份逻辑和 PLC 内逻辑的一致性

试题 3:比较电脑中的备份逻辑和 PLC 内逻辑的一致性

1. 准备要求:

考场准备:

(1) 试题名称:比较电脑中的备份逻辑和 PLC 内逻辑的一致性

(2) 本题分值:20

(3) 考核时间:40 min

(4) 考核形式:实操

(5) 设备设施准备:

序号	名称	规格	单位	数量	备注
1	模拟体		台	1	教学用模拟体一台
2	专用笔记本电脑		台	1	检查电池容量足够

考生准备:

(1) 试题名称:比较电脑中的备份逻辑和 PLC 内逻辑的一致性

(2) 本题分值:20

(3) 考核时间:40 min

(4) 考核形式:实操

(5) 工具及其他准备:无

2. 考核要求:

(1) 本题分值:20

(2) 考核时间:40 min

(3) 考核形式:实操

(4) 具体考核要求:将专用电脑正确连接到 S7-300 上,并能够正确比较电脑中备份和

S7-300 内逻辑,能够确认两者是否一致。

(5) 否定项说明:因比较电脑内的备份逻辑和 S7-300 内逻辑而导致系统异常。

3. 配分与评分标准:

序号	考核内容	考核要点	配分	评分标准	扣分	得分
1	电脑连接前检查	检查专用笔记本电脑的电池容量;S7-300 的状态	2	(1) 未检查专用笔记本电脑的电池容量扣 1 分。 (2) 未检查 S7-300 的状态扣 1 分		
2	电脑和 S7-300 的连接	软件提示连接; 连接成功后检查 S7-300 的状态	5	(1) 软件未提示连接扣 1 分。 (2) 连接成功后未检查 S7-300 的状态扣 4 分		
3	逻辑比较	正确比较电脑中备份逻辑和 PLC 中逻辑	10	(1) 操作错误扣 10 分。 (2) 不会判断比较结果扣 5 分		
4	断开电脑和 S7-300 的连接	软件提示断开;确认断开连接后检查 S7-300 的状态	3	(1) 未断开连接扣 1 分。 (2) 断开连接后未检查 S7-300 的状态扣 2 分		
否定项:因比较电脑内的备份逻辑和 S7-300 内逻辑而导致系统异常						

评分人: 年 月 日 核分人: 年 月 日

第三部分　低压配电盘检修

第一章　配电盘检修项目及内容

1.1　为什么要进行配电盘的预防性检修

以低压电动机电气控制回路为例，配电盘分为一次回路和二次回路，二次回路控制一次回路接通/断开负荷。

对于旋转类的电动机回路，采用 F+C 的控制方式，即熔断器和接触器控制，如图 1-1、图 1-2 所示。

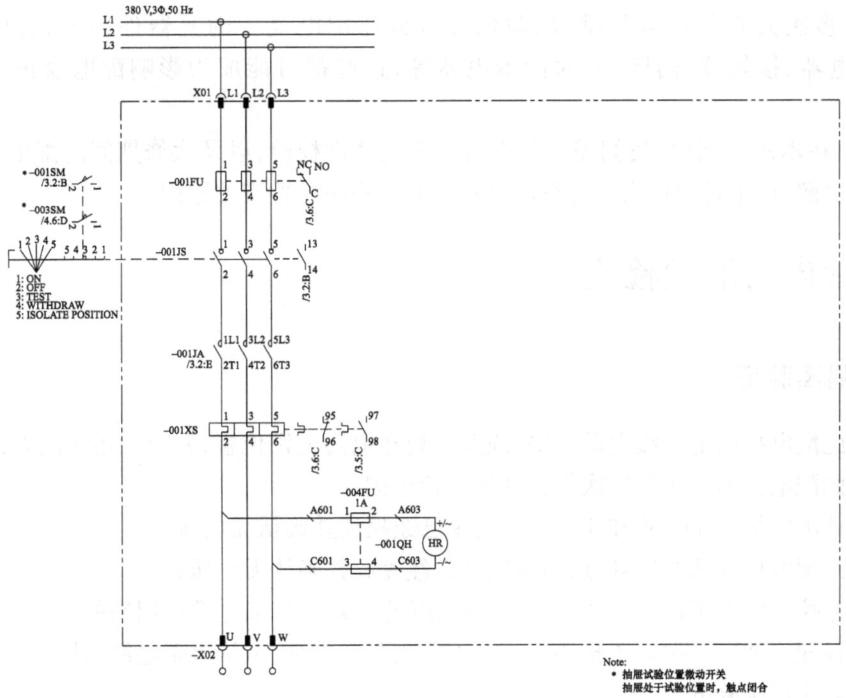

图 1-1　F+C 主回路示意图

二次回路采用110 VDC供电，可以接收远方分合闸信号和试验盒分合闸信号，控制主接触器001JA的吸合和释放，从而控制负荷的通断。

通过故障回路可以看出，常见的故障为熔丝熔断、热继电器动作，以上故障可以通过复位按钮进行复位，出现故障后故障黄灯亮，提醒维护人员。

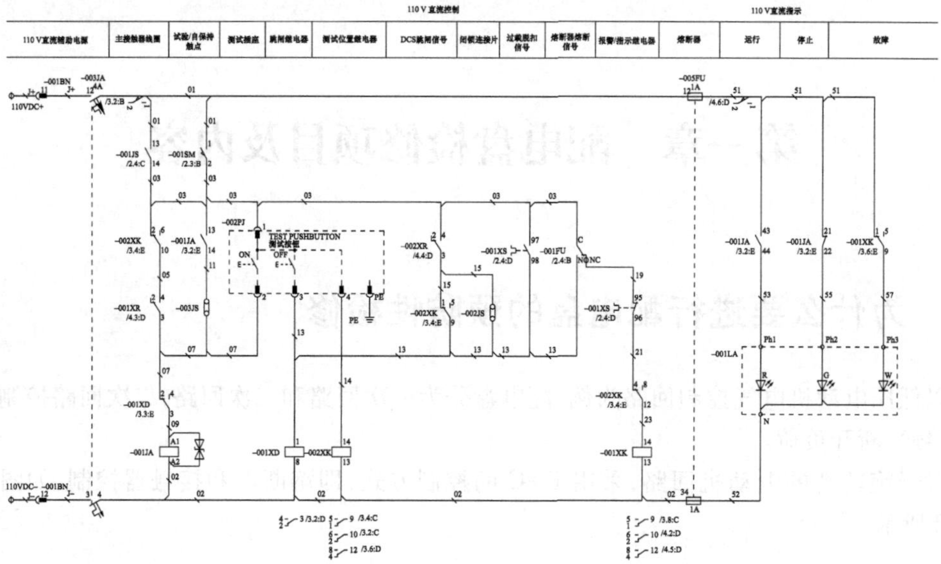

图1-2 F+C控制回路示意图

通过多次大修及日常的维修，我们发现低压配电盘中的元器件很多，有中间继电器、热继电器、接触器、熔断器、时间继电器等，这些都可能成为影响配电盘正常运行的故障点。

为此，在本次培训中，我们需要着重对这些元器件校验，以及大修期间对配电盘预防性检查进行讲解，这也是为什么要进行配电盘维修和预防性检查的原因。

1.2 配电盘清扫检查

1.2.1 隔离验证

确认此配电柜的上一级电源6 kV断路器处在隔离上锁位置，并合上接地闸刀；

确认此配电盘的变压器二次侧接地线挂接牢固；

确认此配电柜的110 V和48 VDC电源已经隔离并确认无电压；

确认此配电柜的220 VAC加热器电源已经隔离并确认无电压；

注意监控小室端子排还有48 VDC电存在(此电是从机架电源返回来的)；

注意各配电抽屉二次端子排还有48 VDC电存在(此电是从机架电源返回来的)；

工作前应再次验电。

1.2.2　开关柜的清扫、紧固及检查

清扫开关柜内的灰尘；

对开关柜表面进行清洁；

检查各出线电缆接触应良好，无发热变色放电现象；

紧固开关柜内所有接线螺丝和端子；

检查接地线的连接应良好，并紧固；

清扫各个负荷抽屉的灰尘并检查接插件触头应良好；

检查各个抽屉内的电气连接应良好；

紧固各个抽屉内的所有接线螺丝及端子；

检查各个抽屉的机械机构运转应正常、灵活无卡涩（注：必要时应加凡士林润滑）；

检查各个抽屉内的断路器及接触器触点连接应良好、紧固；

检查 8E/2、8E/4 抽屉的二次端子插针应处在同一平面内，若发现个别插针缩回，应进行修理或更换；

对于 8E/4 和 8E/2 抽屉的二次端子母插进行同样的检查，若发现有缩回的应进行修理或者更换转接件；

用万用表检查进、出插件之间的直阻应小于 0.5 Ω；

确认抽屉内部的各级控制回路空开处在合闸位置，保险处于推入状态；

紧固各配电抽屉二次接线端子，注意各配电抽屉二次端子排还有 48 VDC 电存在（此电是从机架电源返回来的）。

母排的清扫及检查：

打开配电柜后面的挡板，清扫母排；

检查并紧固母排上所有螺丝；

检查母排应无过热、变色、放电现象；

检查确认无异物遗留后，盖上后挡板并拧紧螺丝；

检查抽屉间隔内 8E/2、8E/4 的抽屉二次插应没有缩进的现象，否则应修理或更换 L 型转接件。

1.2.3　二次小室的清扫及检查

清扫二次小室内的灰尘；

清洁二次小室表面灰尘；

检查二次小室内各个电气元件应完好，固定应紧固（应注意有的端子带 48 VDC 电，从机架电源返回来的）；

检查各个端子排的进、出线连接应良好，紧固所有端子；

清洁现场，将设备恢复到初始状态；

工作完成确认工作场所及其柜内没有任何异物遗留；

测量母线的对地绝缘应大于 0.5 MΩ；

1.3 配电盘数据测量

1.3.1 隔离验证

确认母线已停电；

确认 110 VDC 控制电源有电。

1.3.2 测量抽屉一次插张力

用专用工具检查抽屉触头的间距及张力，图 1-3 为抽屉的正面视图，X01 为输入侧，X02 为输出侧；

若抽屉规格是 8E/2 及以下，张力范围：33～100 N，间距范围：$4.7_{(+0.05,-0.2)}$ mm；若抽屉规格是 8E 及以上，张力范围：40～100 N，间距范围：$4.7_{(+0.05,-0.2)}$ mm。

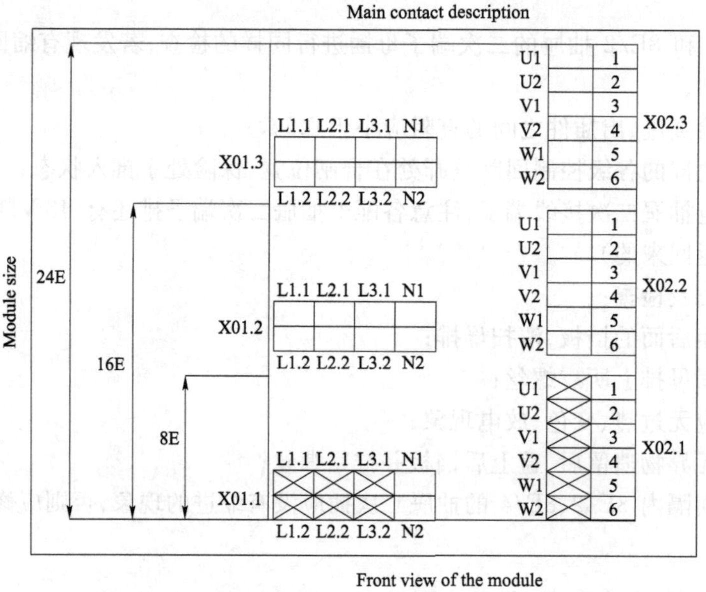

图 1-3 张力测试位置示意图

1.3.3 校验中间继电器及接触器

测量中间继电器及接触器线圈直阻及触点阻值、中间继电器动作值与返回值，并依据表 1-1 所示的标准，判断继电器及接触器是否合格。

表 1-1 断电器合格标准

	交流继电器	直流继电器
动作值	不大于额定电压的 85%	
返回值	大于额定电压的 30%	大于额定电压的 10%

1.3.4　校验低电压继电器

查询定值清单，记录低电压继电器 F333、F334、延时继电器 K202、K207 的二次定值；

接通 110 VDC 控制电源；

打开继保测试仪的输出，并逐步降低继保测试仪的输出电压，至低电压继电器 F333(001XU)报警动作，记录此时的电压动作值；

逐步增大继保测试仪的输出电压，至低电压继电器F333(001XU)报警刚好消失，记录此时的实际电压返回值；

同理，校验其他低电压继电器。

1.3.5　校验时间继电器

确认主控“监控小室故障”消失；

模拟 F333(001XU)或者 F334(002XU)低电压继电器其中一个动作，计时时间继电器 K207(002XT)的实际动作时间；

验证主控出现“监控小室故障”；

同理，模拟 F333(001XU)和 F334(002XU)低电压继电器同时动作，计时时间继电器 K202(001XT)的动作时间；

主控出现相应的 002AA 报警：“AC 失电或配电盘故障”；断开所有电源；

恢复接线。

1.3.6　校验热继电器

以秦山二期 3、4 号机组为例，LKA/B/C/D/E、LLA/C/E/I/N、LLB/D/J/001TB、LKL001TB、LKH001TB、ADS901AR、5LKM/LKN 内均采用相同型号的 TA 25/42/75/80DU 型热继电器，根据 I-t 曲线的不同(见图 1-4 和图 1-5)，热继电器采用两种校验方法。

1）准备工作

确认待校验热继电器的抽屉负荷已断开；

拆除热继电器，并记录拆接线记录表；

检查热继电器动作可靠灵活；

将热继电器设置为自动复位；

计算热继电器的整定值 I_r，核岛 I_r=1.15I_e，常规岛及 BOP 的 I_r=1.05I_e，注意这里的 I_e 是指负荷的额定电流，不是配电盘电源抽屉上负荷的计算电流。

2）TA 25 DU 热继电器校验方法

冷态试验

先将电流综合试验仪的调节旋钮开关旋置零位；

通电无异常后再缓慢调节，直到电流 I=1.2I_r 稳定为止，待稳定后开始计时，热继电器应在 20 min 内动作方为合格。

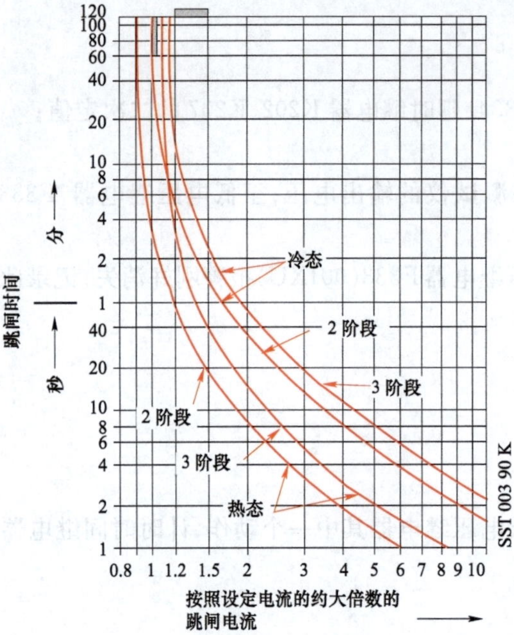

图 1-4 TA 25 DU 热继电器的动作曲线

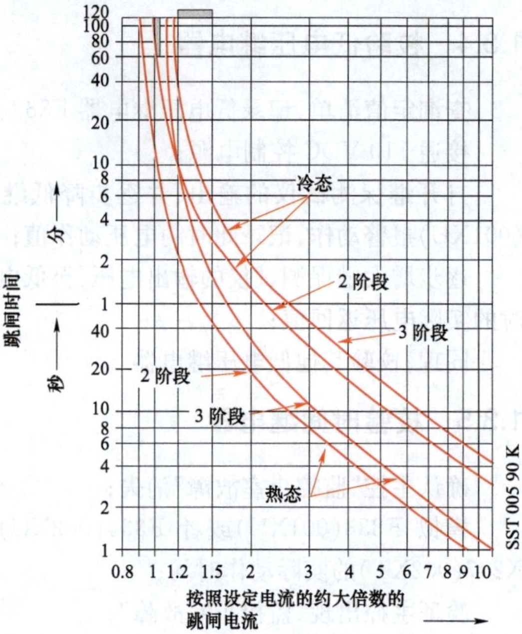

图 1-5 TA 42/75/80 DU 热继电器动作曲线

热态试验

在完成冷态试验的基础上缓慢调节直到电流 $I=1.5I_r$ 稳定为止，关掉电源，待热继电器自动复位后，再进行热态试验，热继电器应在 1 min 之内动作方为合格。

3）TA 42/75/80 DU 热继电器校验方法

冷态试验

先将电流综合试验仪的调节旋钮开关旋置零位；

通电无异常后再缓慢调节，直到电流 $I=1.5I_r$ 稳定为止，待稳定后开始计时，热继电器应在 6 min 内动作方为合格。

热态试验

在完成冷态试验的基础上缓慢调节直到电流 $I=1.5I_r$ 稳定为止，关掉电源，待热继电器自动复位后，再进行热态试验，热继电器应在 2 min 之内动作方为合格。

4）回装热继电器

将热继电器选择为手动复位；

回装热继电器，并按照拆接线记录表恢复接线；

恢复抽屉至初始状态。

1.4 断路器的检查（以 Emax 开关为例）

Emax 开关是 ABB 配电盘常用的进线开关（见图 1-6、图 1-7），常采用以下几种接线方式。

在 Emax 开关解体检查时，需首先确认断路器在“断开”状态，将断路器从机壳中水平方向拉出（拉出时，要防止用力过猛或摇动，更要注意防止滑轨），两人一起将断路器从机壳中举起,并将断路器放置在稳固的搁架上(由于断路器较重,必要时可用吊索吊起。但起吊时,要垂直,要防止卡住硬吊或失手坠落而损坏断路器)。

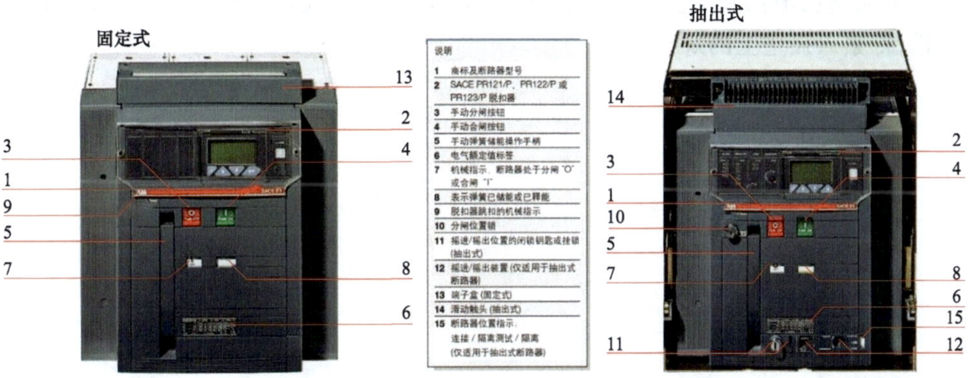

图 1-6　Emax 开关示意图

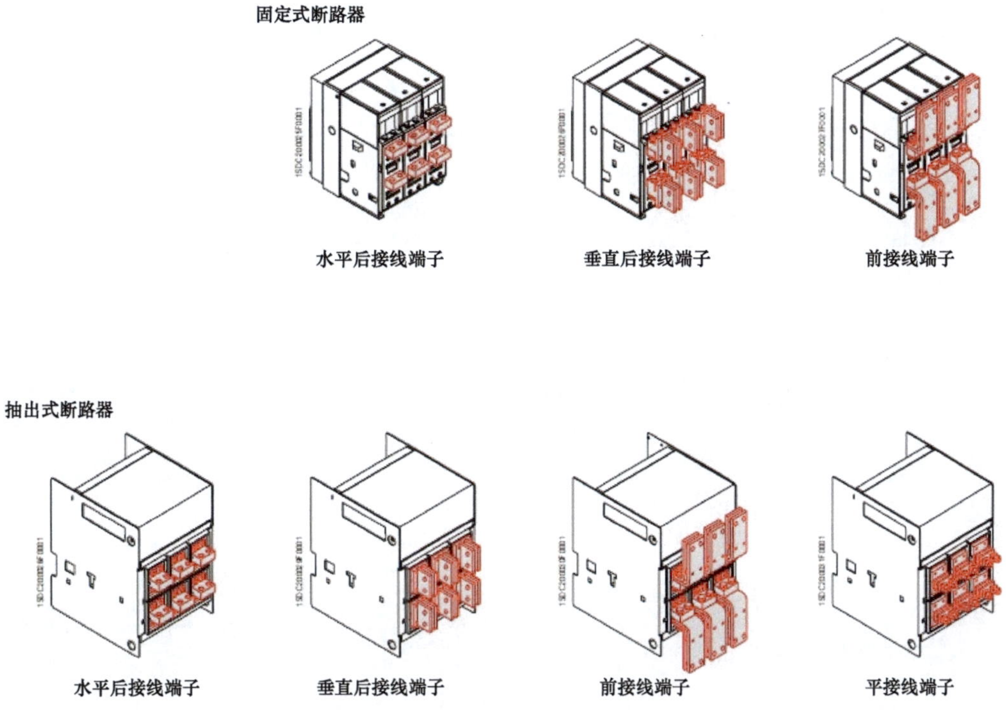

图 1-7　Emax 开关接线端子示意图

将灭弧室做好记号,拧松灭弧室上螺栓,取出灭弧室(注:灭弧室前部如有固定盒盖应先拆除),检查灭弧室。灭弧室本体主尖应完整无缺,灭弧片无腐蚀现象。如发现不良,应更换灭弧室。

用反光镜检查触点面的工况,如发现接触面磨损较严重,可用手操作断路器,将断路器合闸,再用反光镜检查触点的工况是否处于良好的状态(注意:手操作断路器合闸后,切勿将手伸入断路器,以防意外)。

检查断路器静触头是否有毛刺,必要时用什锦锉打磨光滑。检查完毕后应将断路器恢复在“断开”位态。

确认灭弧室已清洁及无异物,认清灭弧室记号,装还原处。应特别注意灭弧室的方向,切勿装错,拧紧灭弧室上的螺栓。

第二章　操作准备

2.1　文件准备

配电盘定期检查，总的来说有三项工作：低压交流配电盘预防性维修、配电盘二次小室预防性维修、热继电器预防性维修，由于模拟体没有二次小室，但工作内容均相同，因此模拟体的配电盘检查工作可完全模拟现场工作，具有完整的大修工作包，包括工作指令单，质量计划、风险分析、领料、隔离指令等，规程（M/ME/Y/LXX/XTB/001、M/ME/Y/LKX/XTB/001、M/ME/Y/LLX/XTB/001、M/ME/Y/XXX/XSX/001）、工前会、工后会等。

2.2　工器具准备

见表 2-1。

表 2-1　工器具准备

工器具名称	规格型号	数量	用途
摇表	500 V	1 个	测量回路绝缘
接插件张力测试仪	KISTLER Type5995	1 套	测量接插件张力
直流电源	DC	1 台	校验中间继电器
综合继保试验仪	专用	1 个	校验热继电器
个人常用工具		1 套	检修时使用
吸尘器	220 V	1 台	清扫配电盘
接地线		2 根	接地保护
拖线盘	220 V	1 个	仪器电源
万用表	FLUKE 179	1 台	元件及回路检查

2.3　模拟体准备

操作所选用模拟体为 MNS 系列低压配电盘，安装在培教中心 110 房间，包括 1 面进线单元屏及 1 面馈电屏。配电盘清洁检查工作需要确认验证配电盘隔离情况，上游电源隔离箱应断电上锁；确定各抽屉功能完好，操作机构动作正常，以确保教学过程的顺利实施。

2.4 辐射防护准备

配电盘检修工作无辐射风险，无需进行特殊防护。

2.5 工业安全准备

按照电力安规相关规定执行，所有人员需规范穿戴劳动保护用品，包括安全帽、绝缘鞋、工作服、绝缘手套等。检修场地使用警示带进行围栏，确保工作过程中无非工作人员进入。

2.6 配合人员准备

需一名助教配合教学过程。助教主要负责操作指导及安全监护工作。助教需有一定电气检修工作经验，参加过配电盘检修、抽屉故障处理等检修工作，持有 QC 证。

2.7 场地准备

现场铺设白布用于摆放工器具；准备仪器校验仪器，进行元器件测试；清理场地，确保检修场地无其他异物；合理分配场地，确保工具、设备的合理分布，方便检修；在场地外围布置警示带。

第三章　操作实施

3.1　操作实施：隔离验证

见表 3-1。

表 3-1　隔离验证

序号	操作步骤	操作要求	工器具	测评标准	备注
1	设备信息核对	检查设备标识与工作票一致 一人核对、一人复核	目视	工作票与模拟体铭牌对应	
2	确认上游 6 kV 电源已隔离并合上接地闸刀	口述验证过程	口述	正确说验证隔离内容	
3	检查低压侧接地线挂接情况	目视连接正确性用手轻摇确认连接可靠	目视、手触	A/B/C/N 连接正确、可靠	
4	验证 110 V 直流电源隔离情况	万用表选择直流档	万用表	万用表挡位	
		测量 001BN 上“J+”“J−”		测量端子正确、说明无电	
5	验证 48 V 直流电源隔离情况	万用表选择直流档	万用表	万用表挡位	
		测量 001BN 上“W+”“W−”		测量端子正确、说明无电	
6	绝缘测量	测绝缘	摇表	正确校表，挡位正确	

3.2　操作实施：抽屉清洁检查

见表 3-2。

表 3-2　抽屉清洁检查

序号	操作步骤	操作要求	工器具	测评标准	备注
1	检查抽屉把手	把手各位置动作检查	无	动作灵活、无卡涩	
2	取出抽屉	抽出位置取出抽屉	无	依次抽出、排列整齐	
3	清扫抽屉	使用毛刷及吸尘器对抽屉内进行清扫	吸尘器、毛刷	手触无灰尘	

续表

序号	操作步骤	操作要求	工器具	测评标准	备注
4	检查抽屉内接触器、断路器、熔断器	检查接线、紧固端子、检查断路器、熔断器	螺丝刀	拉线无晃动、接触器动作无卡涩、熔断器正常、断路器分合无卡涩	
5	检查大容量的接触器触点	接触器解体,检查触头接触面	螺丝刀	接触面拉弧面积超过 2/3 更换该接触器	
6	检查进、出接插件之间的直阻	导通回路,测量进出线之间直阻	万用表	小于 0.5 Ω	
7	紧固接线	紧固抽屉内所有电缆接线	螺丝刀	拉线无晃动	
8	机械机构检查	检查抽屉各机械机构、轨道应运转正常、灵活,必要时涂凡士林润滑		灵活、运转正常	
9	复位抽屉	按设备位号恢复抽屉,将抽屉至于隔离位置		抽屉至于隔离位置	

3.3 操作实施:校验热继电器

见表 3-3。

表 3-3　校验热继电器

序号	操作步骤	操作要求	工器具	测评标准	备注
1	记录热继电器外部接线	将热继电器外部接线用二次拆接线卡记录		记录规范	
2	拆除热继电器	拆线并包扎,取下热继	螺丝刀	电缆线应分头包扎	
3	记录环境温度	查看环境温度	温度计	20～25 ℃为宜	
4	连接设备与热继	用导线连接被校验热继与电流测试仪主回路与控制回路,并确认接线正确性(三相同时校验)	螺丝刀	接线正确	学员仅接线
5	设定动作值	以负载额定电流 I_e 为基准,再乘以 1.15 倍。即 $I_r=1.15I_e$,在热继电器刻度盘上选定 I_r 值并将指针拨到其位置上	螺丝刀	若 I_e=1 A,则 $I_r=1.15I_e$=1.15 A 热继刻度应调整为 1.15 A	
6	冷态试验	将电流综合试验仪的调节旋钮旋至 0 位;通电无异常后,缓慢调节旋钮至电流 $I=1.2I_r$;稳定后开始计时	电流综合试验仪	20 min 内动作,判定为合格	选用 25 A 以下热继电器

续表

序号	操作步骤	操作要求	工器具	测评标准	备注
7	热态试验	在冷态试验的基础上缓慢调节直到电流 $I=1.5I_r$ 稳定为止，关掉电源，待热继电器自动复位后，再进行热态试验	电流综合试验仪	1 min 内动作，判定为合格	选用 25 A 以下热继电器
8	关闭设备	关闭电流综合测试仪设备电源	电流综合试验仪	无电	
9	恢复安装热继电器	按拆线记录恢复安装热继电器，将热继电器选择为手动复位	螺丝刀	接线无误、复位方式正确	

3.4 操作实施：校验中间继电器

见表 3-4。

表 3-4 校验中间继电器

序号	操作步骤	操作要求	工器具	测评标准	备注
1	取出抽屉	抽出位置取出抽屉	无	依次抽出、排列整齐	
2	检查继电器标签	确认每个继电器标签完好	无	由此项动作	
3	判断合格与否	根据标准判断继电器合格否	无	数据真实有效	
4	回装继电器	各继电器应根据标签回装到原位置	无	注意不要插错	
5	复位抽屉	按设备位号恢复抽屉，将抽屉至于隔离位置	无	抽屉至于隔离位置	

3.5 操作实施：测量一次插张力

见表 3-5。

表 3-5 测量一次插张力

序号	操作步骤	操作要求	工器具	测评标准	备注
1	取出抽屉	抽出位置取出抽屉	无	依次抽出、排列整齐	
2	测量一次插张力间距	测量进出线张力和间距	无	正确使用工具	

续表

序号	操作步骤	操作要求	工器具	测评标准	备注
3	判断合格与否	根据标准判断张力间距合格否	无	数据真实有效	
4	复位抽屉	按设备位号恢复抽屉，将抽屉至于隔离位置	无	抽屉至于隔离位置	

3.6 操作实施：配电盘清洁检查

见表 3-6。

表 3-6 配电盘清洁检查

序号	操作步骤	操作要求	工器具	测评标准	备注
1	清扫表面浮灰	模拟操作	无	说明先上后下	
2	打开后盖板	模拟操作	无	说明即可	
3	检查母排	检查母排表面及连接处是否有过热、放电、变色等异常；检查母排连接		无过热、放电、变色痕迹；牢固，连接可靠	
4	检查多功能板	检查多功能版进线侧是否有磨损、错位	手电	无磨损、错位	
5	检查电缆小室	检查并紧固各电缆线；检查电缆防护罩		接线牢固，护套完成	
6	检查二次小室	检查二次小室内各元件、紧固接线		元件无异常、接线紧固	
7	测量母线绝缘	拆除临时地线、测量母线相间及相对地绝缘	摇表	大于 0.5 MΩ	

3.7 操作实施：清理现场

见表 3-7。

表 3-7 清理现场

序号	操作步骤	操作要求	工器具	测评标准	备注
1	清理现场	清理设备表面，清理检修设备附近区域的异物		检修设备无异物	
2	做到工完料尽场地清	清理检修完成后的零部件、材料等		无零部件、材料遗漏	
3	整理工具	整理工具与工具清单对比		工具使用前后对比符合	

3.8　实施中需要特别注意的几个关键点

在配电盘检修过程中，为保证检修工作顺利进行，必须注意如下关键点，指导教师及助教应适时提醒学员注意，对于存在触电风险的操作步骤或容易引起设备损坏的操作，以演示为主。

- 始终强调电气作业的潜在风险性，时刻提醒学员对于带电体保持一定安全距离；
- 抽屉拉出后，注意对抽屉滑轨及底部的保护，轻拿轻放，防止轨道变形；
- 张力测试时，注意测试仪插头的正确选用，否则影响测试结果；
- 摇表使用完后一定要进行放电，防止高压伤人；
- 热继电器校验过程线路通流，存在高风险，学员应保持一定安全距离；
- 校验仪启动前务必将旋钮调整至 0 位，避免过电流烧毁被测体；
- 机构润滑时涂抹凡士林要适量，切忌凡士林沾污导电体表面。

第四章　配电盘故障及处理方法

4.1　常见故障现象和处理方法

见表 4-1。

表 4-1　常见故障现象和处理方法

序号	故障现象	判断方法	故障原因分析	故障排除方法
1	负载电流不平衡	盘面三项电流指示不一致；钳形电流表	抽屉推入用力偏离中心	更换一次插
			触头有磨损	
2	把手损坏	把手损坏	操作人员转动把手时用力过猛，硬扳把手所致	更换
3	开关无法合闸	抽屉抽出，机构分离	抽屉内的空气开关连杆与小把手脱开	重新安装；更换机构或小把手
4	抽屉无法插入或者抽出	把手位置正确，转动灵活，而抽屉卡涩	操作人员未将抽屉侧板插入卡槽	重新推送，抽拉。
5	抽屉在隔离位置仍可推入	抽屉在隔离位置仍可推入	抽屉机械联锁限位损坏	更换机械连锁机构
6	抽屉送电后，电源指示灯不亮	电源指示灯不亮	指示灯故障或是抽屉插件接触不良	将其拉出，重新送入
7	接触器断不开	抽屉内有嗡嗡的异响	接触器老化。在控制回路完好的情况下、接触器断不开，可能是接触器机构卡涩或主触点粘连造成	更换；解体后清理线圈
8	中间继电器损坏	触发报警	长期带电；老化	更换

4.2　特殊故障原因分析和故障排除方法

见表 4-2。

表 4-2　特殊故障原因分析和故障排除方法

序号	故障现象	判断方法	故障原因分析	故障排除方法
1	负载电流异常波动	KIT 显示输出电流有锯齿状波动	抽屉中电流变送器输出不稳定	更换或校验调整

第五章　操作结束

5.1　配电盘清扫后送电检查

配电盘送电前,需进行 1～4 步检查,确认结果后才可以进行 5～7 步送电(见表 5-1)。

表 5-1　配电盘清扫

序号	操作步骤	结果检查
1	解除与配电盘相连所有地线	已解除□
2	再次确认配电盘抽屉内、电缆仓各处无异物	无异物□
3	再次确认抽屉均在抽出隔离位置	位置正确□
4	再次测量母线绝缘	＞0.5 MΩ□
5	送 380 V 动力电	进线有电□
6	测量 110 V 控制电(配电盘整流装置)	端子有电□
7	测量 48 V 控制电(配电盘整流装置)	端子有电□
8	A01 柜进线 Emax 开关摇入合闸	母线有电□

注:送电过程由教员或助教完成,学员全部撤离至安全警示带以外观摩送电过程。

配电盘送电后,对各抽屉进行送电检查,见表 5-2。

表 5-2　对各抽屉进行送电检查

序号	操作步骤	结果检查
1	(　　)抽屉推入,送电,检查盘面指示,出线电压	正常□
2	(　　)抽屉推入,送电,检查盘面指示,出线电压	正常□
3	……	……
4	抽屉全部送电完成,关闭柜门	正常□

注:送电过程由教员或助教完成,学员全部撤离至安全警示带以外观摩试验过程。

试验结束后，将所有电源断开，配电盘恢复初始状态，试验电源箱上锁，钥匙交由试验室管理员。

5.2　总结培训过程

配电盘清洁检查工作，是电气专业重要的检修工作，一般安排在大修期间主变停运窗口进行，主要工作为配电盘清扫、抽屉检查、元器件检查及校验等，涵盖低压电气检修的大部分工作，是一项对工作负责人要求较高需要一定检修经验的综合性电气检修项目。

学员要认真听取各环节操作要点，多动手，勤加练习，掌握抽屉操作基本技能，及各种校验设备的基本操作，并对常见缺陷有一定的认识，对今后的工作有一定的指导。

强调电气工作的广泛危险性，学员应加以足够的重视！

5.3　评判

学员对配电盘检修工作进行简述，并说明其中的关键点以及注意事项。教员对学员的陈述简要记录，根据阐述评判学员的掌握情况。其中隔离验证，抽屉检查细节需要详细阐述。教员指出学员阐述过程中的错误以及需要注意的事项，并且依据评判表，对学员的学习情况作出整体评判。

5.4　清理现场

工作结束后，做到工完料尽场地清，对检修后的物资设备进行分类。工具整理并与工具清单进行对比，确保工具无缺失，并检查工具的可用性，记录损坏情况并汇报。对更换的领料物资与领料单进行核实，确保所有可更换的物资已更换。更换下来的设备零部件进行后续处理，修复或者直接报废。清理工作过程中的耗材，进行分类处理，放置到对应的塑料袋中。清理现场的塑料布，橡胶板，必要时用白布清理现场。

5.5　工后会

工后会是对整个工作的过程的回顾以及必要的经验反馈。

回顾工作过程：工作许可证已归还，场地已清理，设备标牌完好，对检修任务进行评价，是否达到预期的目的，试验设备与工器具已经归还。

工作后的经验反馈是对以后同类型的阀门工作的经验积累，以提高工作的检修技能，能够更好的完成检修工作，其主要有以下内容：

- 工期是否安排合理；
- 工作人员是否配备充足；
- 工作文件的合理性；

- 工作人员的检修技能是否满足要求；
- 规程、图纸是否需要升版；
- 检查过程中的异常；
- 工作的经验反馈；
- 协调事项。

第六章　经验反馈

6.1　抽屉一次插保护罩变形的修复

2013 年 4 月 3 日工作负责人在进行 1LKP 配电盘清洁检查工作时发现 1LKP371JA 抽屉一次进线母排侧 C 相垂直母排保护罩变形，抽屉侧 C 相接插件错位。如图 6-1 和图 6-2 所示。

图 6-1　垂直母排保护罩变形图

图 6-2　抽屉侧插件错位

原因分析：该抽屉规格为 16E，安置在配电柜最下层，抽屉较重且位置较低，操作时难于发力，操作不当可能导致抽屉推入角度与垂直母排有些许位移，引起接插件错位。

ABB 低压配电盘垂直母排保护罩，可以拆卸，同一列垂直母排由几块保护罩拼接而成用螺丝固定(不涉及力矩)在框架上，实现对垂直母排的封闭。如图 6-3 所示。图 6-4 所示为电气一次图。

图 6-3　垂直母排保护罩安装方式

通过现场查看,缺陷保护罩可以和 1LKP361JA 间隔的保护罩互换,缺陷位置刚好错开,而达到两者同时满足使用要求。如图 6-5 所示。

处理办法:

a) 将缺陷保护罩用备用位置保护罩进行替换;

b) 将轨道及触头涂抹凡士林,进行润滑;

c) 处理 1LKP371JA 错位一次插件,并进行张力测试,校验合格进行恢复。

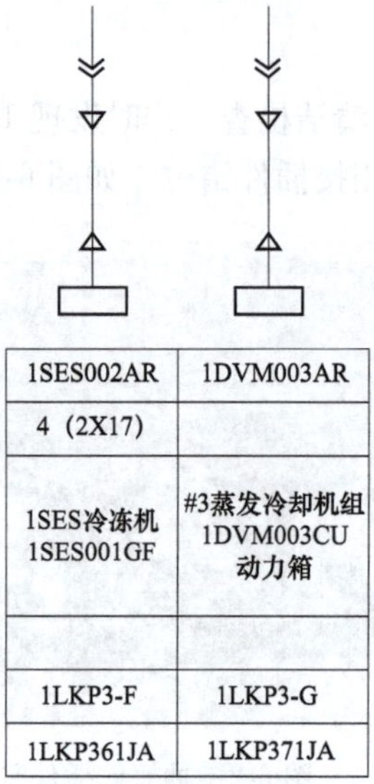

图 6-4 电气一次图

图 6-5 现场抽屉位置

确定方案后,按 QDR 流程实施,拆下缺陷保护罩和替换位置保护罩,进行替换,见图 6-6。

图 6-6 单片保护罩外形(损坏)

通过对比 1LKP361JA 和 1LKP371JA 抽屉一次进线,可以看出互换后,缺陷保护罩不影响 1LKP361JA 的正常使用,见图 6-7。

最后对错位一次插件进行复位,测量张力为 130 N,满足合格范围(90~140 N),见图 6-8。

图 6-7　互换保护罩的两个间隔一次进线位置对比

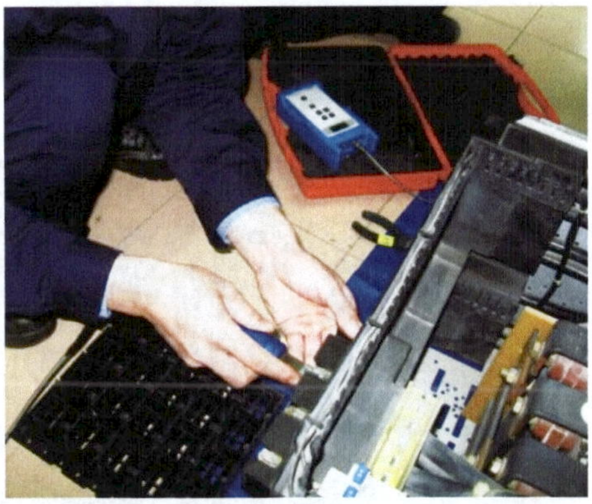

图 6-8　一次插复位后进行张力测试

6.2　断路器跳闸线圈失效

在执行 3LAA002RD 预防性维修后的试验过程中，发现充电器直流电压高后无法联跳上游的开关 3LLC181JA。经过检查发现在跳闸命令发出后，3LLC181JA 内的 K206 跳闸继电器能够正常动作，但断路器无法跳闸，进一步检查测量发现断路器跳闸线圈 Y0 的阻值测量不到，故判断断路器的跳闸线圈失效的可能性最大。

领取备件进行更换，领取表 6-1，更换完成后故障消除，跳闸正常。更换步骤及设备件见图 6-9、图 6-10。

表 6-1　领取备件表 1

物资编码	物资名称	规格型号
5603100021	分励线圈	SOR-C 110...127 VAC 110...125 VDC(T4-T6)

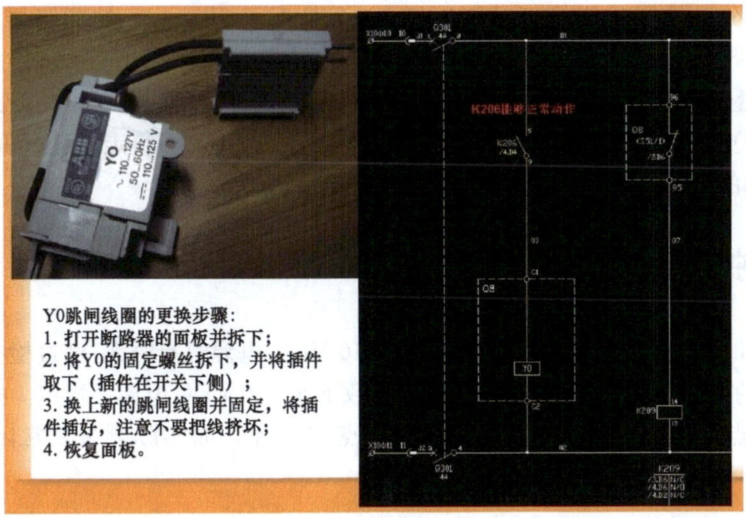

图 6-9　跳闸线圈更换步骤

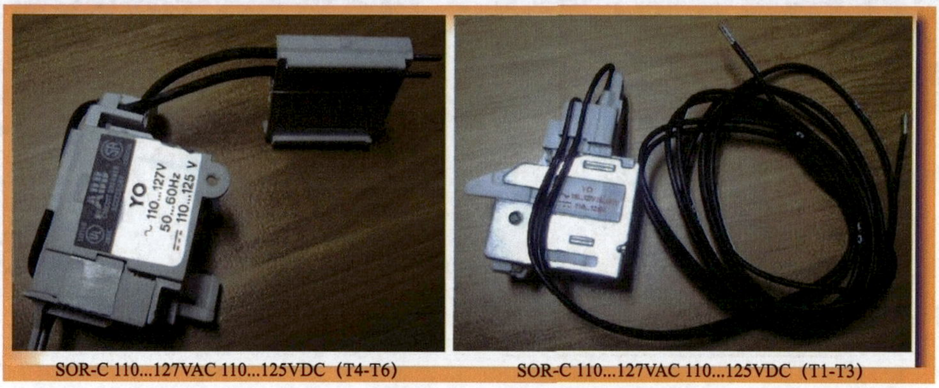

图 6-10 跳闸线圈备件

相似地，在执行 3LBP 蓄电池过流联跳上游充电器进出线开关及蓄电池进线开关时，发现条件达到后，充电器 3LBP001RD 上游的开关没有动作跳闸。经过检查，发现在跳闸命令发出后，3LLB351JA 内的 K206 跳闸继电器能够正常动作，但断路器无法跳闸，进一步检查测量发现断路器跳闸线圈 Y0 的阻值忽大忽小，怀疑断路器跳闸线圈失效。

领取备件进行更换，领取表见表 6-2，更换完成后故障消除，跳闸正常。

表 6-2 领取备件表 2

物资编码	物资名称	规格型号
5603100023	分励线圈	SOR-C 110...127 VAC110...120 VDC(T1-T3)

注意：虽然两个故障都是跳闸分励线圈的更换，但存在许多不同：

1）两个分励线圈的规格型号不一样，一个是用于 T1～T3 的断路器，一个是用于 T4～T6 的断路器，注意在更换时不要弄错备件。

2）由于型号不同，所以更换过程中的方法也略有不同；用于 T4～T6 的断路器更换时只需要将接插件更换即可，而用于 T1～T3 的断路器更换时，则需要将走线进行重新布置，在断路器内有很细的线槽，将线从图位置引出，接至相应的位置。

6.3 接触器失效

在进行 3LKH 母线清扫后的试验时发现 110 VDC 电源时有时无，经过检查发现给负荷供 110 VDC 的接触器接触不良（见图 6-11），导致下游 110 VDC 电源不稳定。这里使用的是 K206 的常闭点，在 K206 失电后，其常闭主触点应闭合。而实际测量其常闭点未能完全闭合。

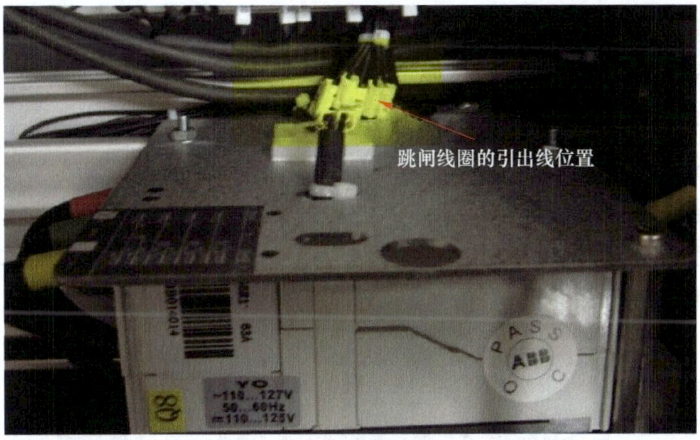

图 6-11 接触器异常

领取备件进行更换,见表 6-3,更换完成后动作正常。

表 6-3 领取备件表 3

物资编码	物资名称	规格型号
3310000261	接触器	AF75-22-00,DC48 V-130 V

6.4 二次插针缩回导致开关误发报警或者拒动

秦二厂 3、4 号机组使用的配电盘中,8E/2 和 8E/4 抽屉开关的二次插针在开关柜的背部(见图 6-12),当开关推入时和母线的 L 型转接件接触,从而与系统构成相应的回路。

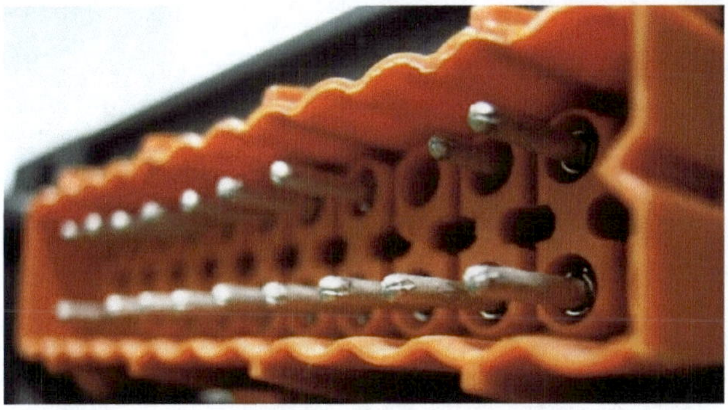

图 6-12 二次插针照片

抽屉每抽出或推入一次,二次插针就要断开或接触一次,久而久之,可能导致二次插针松动乃至缩回,从而有误发报警或者拒动的现象发生。在本次大修发现 3LCB133JA 在抽屉侧的公插针缩回,导致抽屉没有控制电源,报警继电器常闭触点闭合,触发 3LCB001AA 配电盘故障报警。

将 3LCB133JA 断开后,检查发现其二次插针(11)缩回,导致 48 VDC 电源没有送达抽屉内。

更换公插针需要有专用工具(图 6-13),具体方法如下:

1) 用专用的退针工具将二次插针从黄色固定块中退出;

2) 插针退出后检查相应的插针是否有变形的现象;

3) 若需要更换插针时,先将之前的插针剪掉;

4) 然后剥线至适当长度;

5) 用新的插针进行替换,注意外面的卡子压绝缘皮,里面的卡子压导线;

6) 压接完毕后,将插针插回原来位置,更换完毕。

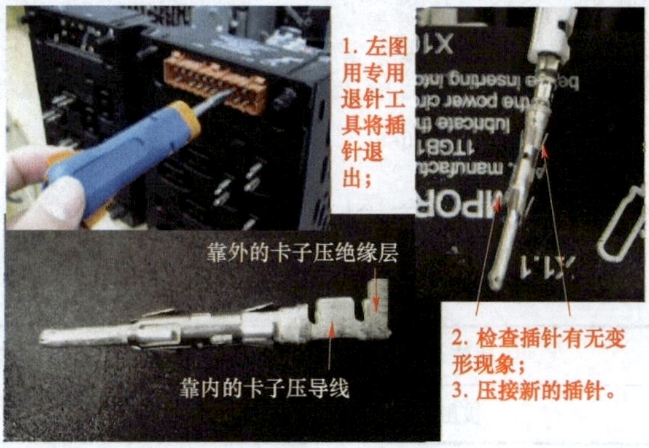

图 6-13 更换二次插针步骤

第七章 习 题

7.1 选择题(24 分)

1. 配电盘清扫检查时,以下哪种电源无法隔离(D)。

A. 配电盘上游 6 kV 电源

B. 配电盘 110 VDC 及 48 VDC 控制电源

C. 配电盘加热器 220 VAC 电源

D. 二次端子上从机架返回来的 48 VDC 电源

2. 一个 8 E/2 的抽屉张力,以下哪个是合格的(C)。

A. 10 N B. 20 N C. 40 N D. 120 N

3. 一个 48 VDC 中间继电器,下列哪个动作值是合格的(A)。

A. 30 B. 45 C. 48 D. 50

4. 母线回路合格绝缘值范围,下列哪个是正确的(B)。

A. 大于 0.2 MΩ B. 大于 0.5 MΩ

C. 大于 1 MΩ D. 小于 5 MΩ

5. 继电器在校验时发现触点直阻偏大,通过弹一弹继电器使触点直阻合格后,能继续回装使用吗?(B)

A. 能 B. 不能

6. 配电盘清扫检查开工前,发现接地线夹在了母排绝缘漆上,仍可以开工吗?(B)

A. 能 B. 不能

7. 对于继保测试仪,以下哪种描述是对的(C)。

A. 继保测试仪显示的电压值肯定是正确的,无需核实

B. 仓库里借出来的继保测试仪,肯定是合格的,无需检查

C. 继保测试仪在上电前,必须检查输出在 0 位,避免高电压损坏设备

D. 继保测试仪的合格证到期了,可以自己打印一张贴上

8. 下列哪个因素不会导致配电盘抽屉的故障黄灯亮(D)。

A. 熔丝熔断 B. 热继电器动作

C. 插入试验盒 D. 控制电源失去

7.2 判断题(10 分)

1. 热继电器的热态试验,是基于冷态试验动作后的状态。 (√)

2. 图纸上有抽屉内热继电器的接线图,拆除热继电器时就不用填拆接线记录单了。 (×)

3. TA25DU 型热继电器,冷态试验动作时间为 6 min 内就合格。 (×)

4. 配电盘端子紧固时候,为了能拧的更紧些,要使劲全力大力紧固螺丝。 (×)

5. 配电盘抽屉一次插的张力标准,都是一样的。 (×)

7.3 简答题(20 分)

1. 一个负荷电机额定电流 10 A,计算其回路热继电器的整定值是多少?

2. 简述校验一个三相热继电器的大致步骤(应包含冷态和热态试验),负荷额定电流为 10 A。

7.4 操作题(46 分)

题目:校验 F1 抽屉的热继电器

1. 考核要求:

1) 本题分值:46

2) 考核时间:40 min

3) 考核形式:实操

4) 具体考核要求:接线正确,掌握正确设置整定值,准确操作校验仪器,掌握校验主要步骤。

5) 否定项说明:无

2. 配分与评分标准:

题目:校验 F1 抽屉的热继电器

序号	考核内容	考核要点	配分	评分标准	扣分	得分
1	工前会	交代此次工作内容	2	有此项行为		
2	核对标牌	核对操作票和设备的代码 F1 一致	2	核对一致		
3	记录热继电器外部接线	将热继电器外部接线用二次拆接线卡记录	2	记录规范		
4	拆除热继电器	拆线并包扎,取下热继	4	电缆线应分头包扎		
5	记录环境温度	查看环境温度	2	20~25 ℃为宜		
6	连接设备与热继	三相同时校验	10	接线正确		

续表

序号	考核内容	考核要点	配分	评分标准	扣分	得分
7	设定动作值	正确设定整定值	5	若 I_e=1 A，则 I_r=1.15I_e=1.15 A 热继刻度应调整为 1.15 A		
8	冷态试验	将电流综合试验仪的调节旋钮旋至 0 位	5	I=1.2I_r，20 min 内动作为合格		
9	热态试验	在冷态试验的基础上缓慢调节直到电流稳定为止	5	I=1.5I_r，1 min 内动作为合格		
10	关闭设备	关闭电流综合测试仪设备电源	2	无电		
11	恢复安装热继电器	恢复安装热继电器将热继电器选择为手动复位	5	接线无误、复位方式正确		
12	召开工后会	交代工后会事宜	2	有此项行为		

评分人：　　年　　月　　日　　　　　　　　　　核分人：　　年　　月　　日